INNOVATIVE APPLICATION
Cases of BlockChain

区块链创新应用案例

中国工程院“中国区块链发展战略研究”项目组 ◎编

·杭州·

图书在版编目(CIP)数据

区块链创新应用案例 / 中国工程院“中国区块链发展战略研究”．—杭州 ：浙江大学出版社，2023.6

ISBN 978-7-308-23591-4

Ⅰ．①区… Ⅱ．①中… Ⅲ．①区块链技术-案例-中国 Ⅳ．①TP311.135.9

中国国家版本馆 CIP 数据核字(2023)第 051469 号

区块链创新应用案例

QUKUAILIAN CHUANXIN YINGYONG ANLI

中国工程院“中国区块链发展战略研究”项目组　编

策　　划　黄娟琴
责任编辑　吴昌雷
责任校对　王　波
封面设计　北京春天
出版发行　浙江大学出版社
（杭州市天目山路 148 号　邮政编码 310007）
（网址：http://www.zjupress.com）
排　　版　杭州晨特广告有限公司
印　　刷　杭州高腾印务有限公司
开　　本　787mm×1092mm　1/16
印　　张　13.5
字　　数　249 千
版 印 次　2023 年 6 月第 1 版　2023 年 6 月第 1 次印刷
书　　号　ISBN 978-7-308-23591-4
定　　价　49.00 元

编委会

前 言

科技无界，创新不止。当今世界正经历百年未有之大变局，习近平总书记在二十大报告中强调“科学技术是第一生产力”、“创新是第一动力”。区块链作为一项颠覆性创新技术，蕴藏着巨大的创新潜力，经历十余年的快速发展，已成为全球科技发展的重要方向之一。

2019 年，习近平总书记在主持中共中央政治局第十八次集体学习时强调：“区块链技术的集成应用在新的技术革新和产业变革中起着重要作用。我们要把区块链作为核心技术自主创新的重要突破口，明确主攻方向，加大投入力度，着力攻克一批关键核心技术，加快推动区块链技术和产业创新发展。”[①]自此我国区块链技术和产业创新发展进入了快车道。2021 年 6 月，工信部和中央网信办联合发布《关于加快推动区块链技术应用和产业发展的指导意见》，提出要以应用需求为导向，积极拓展应用场景，推进区块链在重点行业、领域的应用。2021 年 10 月，中央网信办、工信部等 17 部委发布《关于组织申报区块链创新应用试点的通知》，要求在数字经济与实体经济深度融合、提升公共服务和治理能力、保障和改善民生、提高金融服务效率和融资支付便利性等领域组织开展国家区块链创新应用试点行动，形成一批可复制、可推广的区块链创新应用。

《区块链创新应用案例集》是中国工程院“中国区块链发展战略研究”战略咨询项目的成果之一，案例集编写专家们面向区块链创新应用的主要场景和区块链技术研发应用企业，征集和筛选出了一批优秀的、有代表性的区块链创新应用案例，并按照数字政府、数字经济、数字社会和数字法治四大

①习近平在中央政治局第十八次集体学习时强调把区块链作为核心技术自主创新重要突破口加快推动区块链技术和产业创新发展[N]. 人民日报，2019-10-26(1)

领域进行编排。每个案例从背景痛点、案例内容和价值成效三方面进行介绍。相信本书的出版能对我国广大区块链从业人员有所帮助，为进一步促进我国的区块链创新应用发挥积极的作用。

陈　纯

2022年11月

CONTENTS 目录

第 1 章

CHAPTER 1

数字政府领域典型案例

区块链创新
应用案例

1.1 政务服务

· 国内典型案例

【案例一】 住建部公积金数据共享平台

1. 案例背景及解决痛点

2018 年 8 月 31 日，十三届全国人大常委会五次会议通过的《个人所得税法》规定，居民个人的综合所得，以每一纳税年度的收入额减除费用六万元以及专项扣除、专项附加扣除和依法确定的其他扣除后的余额为应纳税所得额，政策要求从 2019 年 1 月 1 日起实施。为了更好地满足纳税人切身利益，完成财政部工作要求，方便各地公积金中心向税务总局报送数据，实现各地公积金中心统一标准、统一接口向税务总局提交公积金贷款利息支出个税抵扣数据，住建部建设住房公积金数据平台，搭建各地公积金中心与税务总局间公积金贷款利息支出个税抵扣数据传输与管理通道。

全国各地公积金中心为独立法人单位，各自建有业务数据系统，彼此间未实现互联互通，个税数据与公积金数据不能实现有效对账，难以统筹管理。采用传统大数据中心集中采集方式，将面临采集数据权属不清、出错难以追溯、源数据易丢失等技术问题，各地公积金中心对此存在顾虑，担心权责过重的问题，且平台建设周期较长。区块链技术的去中心化分布式技术、防篡改性、可追溯性和点对点网络通信等特质，使得政务信息更加具有精准性、公开性和共享性。经评估，区块链是各地公积金中心实现数据共享的可行技术路径。

2. 案例内容介绍

通过建设“住房公积金数据平台”，搭建各地公积金中心与税务总局间公积金贷款利息支出个税抵扣数据传输与管理通道，平台开创性地使用了区块链技术实现了全国各地公积金中心的数据共享，为实现跨部门、跨机构的数据融合应用构建了统一的协作平台。公积金数据平台的整体业务流程如下（见图 1-1）。

(1)公积金中心需按照统一规范的要求，采集公积金相关数据，生成待上链的数据单元。

(2)公积金中心按照批次将多个数据单元组织成一条上链数据，通过区块链数据传输接口将数据上链，确保在数据传输过程中各方职责明晰。

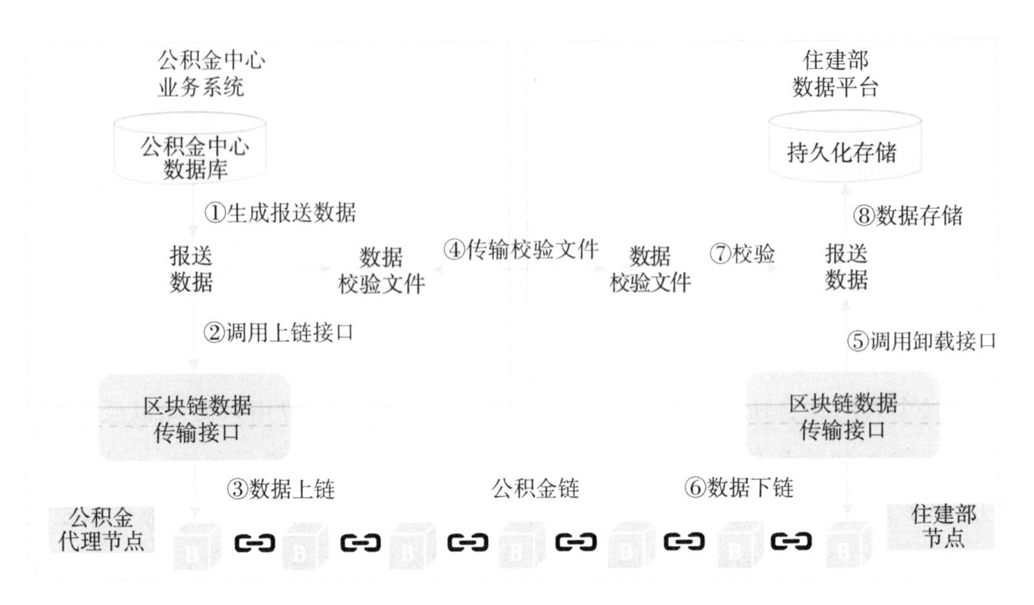

图1-1　公积金数据平台业务流程图

(3)区块链数据传输接口对上链数据进行加密和签名,向区块链发送交易,保存区块链返回的交易回执,完成数据上链。

(4)公积金中心将上链的交易回执保存在校验文件中,并且将校验文件传输给数据平台。

(5)数据平台调用区块链数据传输接口进行数据卸载。

(6)区块链数据传输接口通过交易回执进行数据下链操作。

(7)数据平台根据该批次的数据校验文件,对上链的数据进行核对。

(8)数据核对无误后,数据平台将数据汇总并统一进行存储。

通过建设该平台,搭建了各地公积金中心与税务总局间公积金贷款利息支出个税抵扣数据传输与管理通道,同时为下一步公积金中心之间、公积金中心与其他政府部门之间的数据共享、事务协同、流程整合等功能拓展提供一个技术平台和机制。

3.案例价值与成效

通过该数据共享平台,确保公积金相关数据传输、存储过程的可信,实现多方对账,及时发现及处理错误数据,实现公积金中心、住建部、税务总局之间的数据共享及业务协同,在各公积金中心的现有权责关系不变的情况下,解决了全国公积金中心数据信息孤岛问题。目前该平台已覆盖超过500家公积金中心,日上链超过5000万条数据,全年累计共享数据超过50T,累计上链数据超过200亿条,是全国目前最大的区块链网络，极大地方便了居民异地公积金贷款和个税抵扣等接续转移办理，更加便民利民，具有良好的社会公共效益。

数据准确性实时验证：区块链技术保证数据的可追溯、不可篡改，便于住建部、税务总局等机构定期校验数据库和链上数据的一致性。

去中心化分布式技术下的高安全性：通过数字签名、数字指纹、数字信封等方式保证数据的不可篡改性、不可抵赖性和完整性。

有效数据监管：住建部可利用平台获取更加可信、准确的基础数据，一方面通过数据留痕的方式，加强数据事后监管，另一方面有效支撑公积金数据分析平台的建设，为后续增值业务开展打下基础。

提供统一协作平台：区块链作为底层基础设施，横向扩展性好，可作为统一的协作平台，维护统一的数据标准。

（案例来源：中国建设银行）

【案例二】 荣泽区块链政务协同平台

1.案例背景及解决痛点

“互联网＋政务服务”主要由互联网政务服务门户、政务服务平台、部门业务审批系统和政务数据中心等四部分构成。电子证照共享平台是“互联网＋政务服务”体系中，隶属于政务数据中心的子系统，是服务于政务流程的基础功能。因此，需要电子证照共享平台在全国范围内实现跨区域、跨部门的信息归集和快速检索，并保证结果真实可信，可应用于政务流程。

基于区块链技术的不可篡改、去中心化、数据加密以及信任传递的特征对于实现电子证照全国范围内跨区域的政务信息归集、快速检索和结果应用具有非常实用的价值，区别于中心化系统的电子证照库，具有更好的真实性、安全性、稳定性和可行性。

2.案例内容介绍

荣泽区块链政务协同平台是基于国家六项标准要求、创新利用区块链技术研发的一款高安全、高性能、易集成的政务服务产品。由政府职能部门共同组成区块链点对点网络，支撑了公民/法人的可信任政务数据共享，并在此基础上，支持职能部门在监督和授权下，安全可信地提供和使用证照。

该平台建设覆盖了基础设施层、数据资源层、应用支撑层和业务应用层并提供各种业务接口供用户及服务层使用。平台架构见图 1-2。

图 1-2　荣泽区块链政务协同平台架构

平台的具体功能介绍如下：

(1)支持证照管理：对用户权限、证照模板、目录体系、智能合约等内容进行管理。

(2)目录管理：对目录库包含检索、定位功能所需的证照目录信息进行维护。

(3)统一身份认证：支持 CA 的接入、注册、授权管理，以及法人、部门进行电子签章。

(4)OFD 文档版式支持：通过模块快速生成，一键为客户发送，并提供证照代码和二维码查询服务。

(5)数据统计分析：对接入部门、接入证照数、办件数量、证照共享等信息进行统计汇总，并可根据需要出具统计报表。

(6)省市平台对接：支持与省平台之间进行数据对接，以及提供辖区内数据检索、获取、查询、验证功能。

3. 案例价值与成效

(1)支持多样化政务数据上链存储。将业务和数据记录，与公民/法人相关的社保记录、纳税记录、行政审批和处罚记录等作为政务协同系统中互信互认的政务数据使用，使得“互联网＋政务服务”平台可闭环全程网办的事项扩展到 1800 多项。

(2)解决数据安全保证和共享需求之间的矛盾。整个数据交互流程是在解密中心的统一权限管理下，各部门使用公私钥加密上传，解密使用，解决了数据的实时共享、鉴权变更和安全使用之间的矛盾。

(3)政务数据的灵活使用。基于区块链智能合约技术，根据数据应用需求和权限授权的范围，各部门可以灵活使用证照提交、证照核对、详情查询、评估结果等多种数据交互方式。

(4)构建部门间数据共享生态机制。利用区块链技术优势解决了数据存储、管理、使用的平等与平权，通过建立数据共享的生态机制推动部门向“互联网＋平台”的数据和业务开放。

(5)智能合约支撑跨部门业务协同。建立部门间互信互认的沟通渠道，执行公开透明规则，简化业务办理流程，实现跨部门业务协同，推动政务信息化建设模式优化。

(6)驱动政务数据对外安全有序开放。在政务协同平台的基础上，基于区块链构建的可信网络，将政务链上的全量公民与法人数据有序开放，并不断推进政务数据向教育、医疗、公共信用、新零售等公共服务场景延伸。

荣泽区块链政务协同平台应用成效显著，平台运行智能合约50多个，支撑10多个典型政务服务业务场景，为企业和公民政务服务事项扩展到1800多项，单节点达到30T左右的数据规模。截至目前，平台已经完成发改委、房产、农委、卫健委、环保局、建委、质监局、人防办、交通局、公安、安监局、城管局、残联、规划局、气象局、科委、国土局、公积金、物价局、食药监局、人社局、文化广电局、民政局、江北行政审批、水务局、信息中心和政务办等近50个部门的节点接入。随着南京市政务数据进一步向企业、非政府单位共享开放力度的加大，平台继续接入银行、保险、医院等企事业单位。

（案例来源：江苏荣泽信息科技股份有限公司）

【案例三】　济南高新区区块链政务服务大厅运营支撑系统

1.案例背景及解决痛点

中央政治局针对区块链技术的应用展开集体学习。会议要求加强区块链技术与政务的结合研究与应用，并指明了与精准扶贫、阳光政务、“只跑一次”等实际场景的应用方向。

“区块链＋政务大厅”作为一个全新的命题，它是一种以物联网、云计算、区块链、AI、AR、VR、人脸识别、智能数据挖掘等技术服务于民生、产业发展、行政管理等方面的应用，使政务数据的融合、交换、共享、确权、追溯及全程安全加密。同时融合云、网、数、链、智相关技术，搭建“智链立交桥”，通过机制、流程和技术建立数据共享信任体系，对每条信息进行单独加密，防止信息泄露，实现政务数据实时归集、可信共享、权责清晰，确保数据不可被随意篡改，并通过智能合约的数据目录规则、数据隐私管理规则等标准模板，实现新业务快速部署，加速政务应用创新。

2. 案例内容介绍

区块链政务服务大厅运营支撑系统旨在打造“一链多库多系统”便企惠民。一链为搭建基于区块链技术的底层服务，作为各类数据信息传递通道，将工商局、税务局、住建局等各政府部门作为链上的数据节点，通过区块链打通区政府各部门之间的数据，并同时保证敏感数据的隐私化访问。通过“一链”连接多个系统，并收集多种数据，将数据精准分类后存储在“多库”中。

一是“区块链＋政务服务”平台打造了政务服务可信体系和可信环境，用技术式信任保证制度式信任，解决证明材料难以共享、反复提交审核等问题，是区块链技术在政务服务领域真正落地的成功案例，在省内属于首创，在国内也处于领先水平。

二是创新区块链数据共享模式，实现各部门业务在线协作、无缝对接，解决政务信息化长期以来“互联互通难、信息共享难、业务协同难”问题。

(1)“还数于民(企)”。每个社会主体都有一个数字保险箱，作为主体的自主数据管理中心，管理使用自己区块链账户中的数据资产，回归数据授权共享使用的本质，实现了“我的证照我做主”的“人证合一”和“自证清白”。

(2)“一数多权，链上授权”，满足发证方、持证人、用证方、监管方等多方需求的数据资产化，利用区块链的不可篡改、不可否认、隐私保护、可追溯等特性，有效解决办事过程中的假证伪证、证照冒用、信息泄露、循环证明、不可审计等不可信问题。

(3)创新“信用建立，信任传递”机制，打破各方之间的数据壁垒，实现数据有序授权共享，解决传统“系统整合，数据共享”中心化平台存在的时效性、完整性、可信性等得不到保障的问题。

三是优化流程，自动执行。对企业和群众眼中的“一件事情”进行精细化和最小颗粒度梳理，并固化在智能政务流水线中自动流转。持续优化再造流程，从根本上解决审批环节多、手续繁、效率低等顽疾。

四是建设用户画像，实现服务体验个性化、智能化，实现政务服务线上线下一体化融合。

济南高新区以构建整体性数字政府为核心，以企业、群众眼中的“一件事情”为主线，在全省率先打造了“区块链+政务服务”平台，促进了政务数据跨部门跨系统可信传递，实现了各部门业务在线协同办理，支撑了500多个事项实施“一窗受理一次办好”、57个事项“不见面审批”和“秒批秒办”、50个面向企业的“一件事”“一链办理”，两年来办理事项280000多个，平均办理时间缩短31%，材料减少23%。深入推动“一次办好”改革落地实施。其中，“企业开办一次办好”创造了企业开办最短35分钟、平均办理时间112分钟的“高新速度”，先后为19000多家企业提供“企业开办一次办好”服务。

区块链政务服务大厅运营支撑系统架构见图1-3。

图1-3 区块链政务服务大厅运营支撑系统架构

在此架构上，可以实现以下场景应用服务：

(1)电子证照。基于区块链技术的电子证照共享平台与传统的电子证照库相比，具备数据不被篡改、去中心化、数据加密及信任传递的特征，创新实现电子证照在全省、全市范围内跨区域的信息归集、快速检索和结果应用。通过任意职能部门提供证照证明服务，提高政务工作效率，提高市民、企业的办事效率。

(2)产权登记。开设统一行政审批平台入口，避免多次递交资料与多部门重复审核，大幅缩短业务办理时间。数据可控共享实现不动产中心、国土资源局、税务局(国、地)等多部门数据资源共享，做到精细化管理，避免基础数据的重复录入。并对数据调用行为进行记录、出现数据泄露事件时能够有效精准追责，运用数据共享避免数据孤岛所带来的问题，税务监管更方便，业务流程一目了然，清晰可控。

(3)版权登记。和线下中心化的版权登记机构登记的长时间、高成本相比，基于区块链的版权登记成本极低，且登记几乎在瞬时便可完成，极大降低了所有权确权登记的成本，并缩短了周期。

(4)出入境。区块链技术的去中心化特点，是 P2P 传输，在每一个节点都能够形成数据信息。人们在进行出入境及异地证件办理等业务时，也不需要到专门的单位准备相关材料，办证人员可以直接从区块链数据库中提取相应信息，节省了大量操作时间，提高办证效率，缩短业务办理流程，给人们带来更为便捷的服务。区块链技术还具有开放性的特点，不仅能够实时地跟进办证流程，方便人们获取证件，还能够在一定程度上起到监督管理的作用，有效地防止证件信息泄露，保障了人们的隐私安全。

(5)税务。在电子发票建设上，区块链技术能够保证所有财务数据的完整性、永久性和不可更改性，同时同一交易活动的资金流、物流和管理信息流能够跨链互通，这为税务机关风险管理新方式创造了条件。基于区块链技术的税务风险管理可以大幅度减少税收争议，降低核查成本。

3.案例价值与效果

区块链是建立在互联网基础上的可信任网络，因此政府在服务和管理过程中通过区块链网络可以打破传统的政务服务，突破“各自为政”“信息孤岛”等难题，通过分布式结构降低运营成本，在区块链信息交互过程中避免数据信息的窃取和复制，保障数据的安全性、真实性。这样能够协同部门工作、优化政务流程，降低政务沟通成本和信息成本，提高政府管理效率。

区块链技术为该系统建设提供轻量化部署，无须改变各部门原有的系统构架。通过部署透明网关和简单调用云端接口，使得内容与数据轻松上链。打破数据孤岛，减少财力物力，实现上链工作轻量化。电子政务区块链以联盟链的方式存在，引入准入许可，拥有合理的权限逻辑控制体系，保障政务业务的稳定运行。具备可信对象存储，是隐私的、可加密证明的、带有完整历史记录的云端文件存储服务，非常适合政务类长期存证各类数据采集指标、视频、图片等数据，安全可靠，大大降低长期数据管理的成本。

系统自上线以来，已落地87个应用场景，平均减少材料40%，打通了传统数据共享模式较难打通的310余项数据，不少场景跑动次数从五六次减少到"最多跑一次"。其中，通过高频电子证照"上链"，涉企类153个事项、个人类65个事项无须携带纸质证件即可办理，全年可精简办事材料10万份；不动产登记场景实现"企业间存量非住宅买卖"等业务，"全程网办"减跑动10万人次。

（案例来源：济南高新技术产业开发区管理委员会、山大地纬软件股份有限公司）

· 国外典型案例

【案例四】 三星集团基于区块链杜绝海关报关单据造假

1. 案例背景介绍

在海关通关过程中，海关报关单和交付表等起着非常重要的作用，资料的真假核实将成为政府部门非常关注的焦点。这些信息里面包含着收货人传输发票、装箱单和运单信息、包装种类、进境关别、贸易国、件数、商品名称、单价、币制和数量等多个字段，需要对这些信息进行验证。区块链技术应用将企业申报由"自证"变为"他证"。以往企业提交申请材料是由自己提供，也就是"自证"，而通过区块链技术，海关获得的企业材料和信用数据则是来自企业生产制造以及上下游等合作单位。企业自己造假简单，但是在这个链条上，所有企业都提供虚假信息则非常困难，加大了企业的造假成本，也提供了更加可靠的信息。由此可见，运用区块链技术可促进海关通关业务效率的提高。

2. 案例内容介绍

三星集团的IT部门——三星SDS和韩国海关合作，将三星的Nexledger区块链用于韩国海关的报关数据等重要数据的存证和可信数据共享。在该项目中，包括公共机构、航运和保险公司在内的48家国内机构也加入该联盟。整个联盟的成员共同参与分布式网络，成为分布式网络的一个节点，共同组建海关报关数据可信区块链联盟。将报关过程中涉及的各个节点数据进行上链，防止整个链条过程中可能存在的数据造假，为海关通关流程带来更多透明度，也加快了海关流程的速度，既让相关企业受益，又让海关等政府部门体验到新技术带来的重大革新。

这项工作旨在给一些实体公司分享一系列必要的出口文件（如海关申报单和

交付表），旨在“从根本上防止文件伪造”，并使出关过程更加高效。韩国海关还加入了三星公司新近推出的航运和物流联盟，实现多个领域的数据共享。三星 SDS 已经开发的这套服务于海关的区块链平台，预计会将这一领域的成本降低 20%。

目前，韩国信息和通信技术部正在重点开发六个公共服务试点项目，其中一个就是通关。该项目的目标是构建可信的业务链条，现阶段正积极推动银行校验数据的进程，使金融机构可以通过区块链验证数据对企业风险进行准确评定，提高金融服务的精准度，方便进出口企业融资。为进出口企业营造透明、优质、便捷的通关贸易环境，促进贸易的不断增长，同时为跨境贸易的口岸监管提供更丰富的方案选择。

3. 案例价值与成效

（1）解决监管延迟贸易速度的矛盾。外贸订单量以数亿美元计算，特别是半导体、集成电路设计和制造高科技企业，对供货时限要求很高。传统的报关方式在通关过程中速度慢，而通过加入区块链联盟，申报并校验通过的单据，相关的企业可以享受快速通关待遇，提高了通关效率。

（2）多部门数据共享。通过区块链技术，基于海陆空运应用场景，构建可信的业务链条，组建整个国家贸易区块链联盟，对贸易、物流、监管、金融等关键节点实现业务闭环，减少业务及信息孤岛。各业务节点上链后，为联盟链实时提供上链数据，进行交叉比对和验证，使包括海关、贸易企业、物流企业、金融企业等各个参与方基于区块链平台获得自身业务能力提升，实现效益提升、效率提升、控制风险、控制成本、改善综合营商环境的目标。

（3）融资便利。因为有政府、贸易、企业、物流、金融、保险等机构加入可信联盟，对整个交易链条的企业而言，一旦有资金需求，将能为融资提供更大的便利和可信度。

（提供来源：杭州趣链科技有限公司，来源于网络）

1.2 数字身份

- 国内典型案例

【案例五】 京东科技智臻链 DID 系统

1. 案例背景及解决痛点

我国的 eID 以国产自主密码技术为基础、以智能安全芯片为载体，采用空中开通或临柜面审的方式，依据对法定身份证件核验的结果，由“公民网络身份识别系统”签发给公民的网络电子身份标识，不仅能够在不泄露身份信息的前提下在线识别自然人主体，还能用于线下身份证明。但数字身份仍然面临着身份孤岛问题、身份验证效率和隐私安全问题、身份信息权威性问题、传统身份证明无法覆盖所有人等发展挑战。

2. 案例内容介绍

智臻链 DID 可以实现身份验证、身份亮证、统一身份登录三类功能（见图 1-4）。实现生态内的各个平台身份服务的统一，同时可以整合同一用户在智臻链生态内不同系统中的业务情况，对未来数据的积累以及整个生态的合规、健康运转都能起到一定的帮助作用。

图 1-4　智臻链 DID 系统介绍

（1）正式版系统入口。正式版本入口是由身份验证功能来区分账号权限。智臻链 DID 系统可以提供统一的身份验证功能，页面后端具有关联京东科技蓝鲸征信与京东 PIN 个人实名认证能力，能提供完善的 toB 端与 toC 端验证功能。这项功能符合公安部关于区块链上链数据所属权的要求（即数据上链必须明确上链者身份）。因此，在应用区块链的系统中，利用智臻链 DID 进行身份核验功能有助于加强生态内数据安全性。

（2）生态内账号关联。身份验证步骤后，智臻链 DID 即可保存该身份的来源系统，为每一个身份建立唯一标识，并记录这一身份在各系统的账号信息。这项功能实现用户在智臻链内一个产品完成验证身份后，可以利用此身份登录其他智臻链生态内的系统。智臻链 DID 将作为一个统一账号系统运行在智臻链生态底层，在未来可以记录同一身份在不同业务领域的业务情况。生态内账号关联见图 1-5。

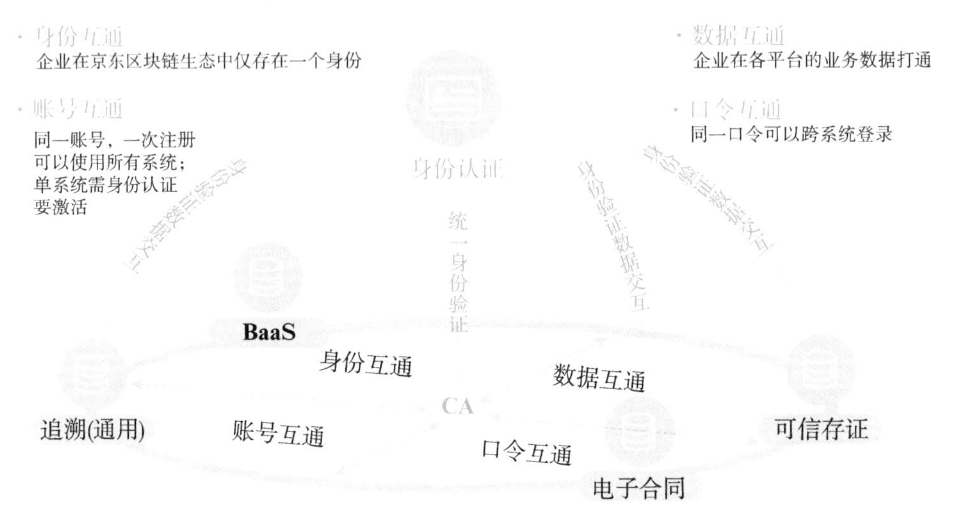

图 1-5 生态内账号关联

(3)IoT 设备登记。IoT 是未来趋势之一，IoT 设备与区块链的融合也是比较热门的话题，在物资追溯、信息录入等多个领域，IoT 设备都将发挥至关重要的作用。但是目前对于 IoT 设备的身份认证及识别未生成完善的解决方案。而在智臻链体系中，借助 DID 的能力，为硬件设备登记身份，最终形成 KYD 网络。这些 IoT 的身份与企业或者个人都是有关联的，那么可以同样地录入 IoT 设备的信息以及出产公司、服务的个体。当数据积累到一定量时，硬件数据也将能够形成规模并产生价值。此功能需要以前两个功能为基础，逐步拓展 IoT 设备记录的信息。

(4)业务信用记录。业务信用记录是身份链的拓展应用，主要利用智臻链 DID 面向唯一身份的一对公私钥，串联该身份在智臻链体系内业务情况。将用户授权可对外公示的信息与智臻链内业务表现情况结合形成信用报告，该信用报告将可以服务于金融场景。

3. 案例价值与成效

京东科技在“区块链＋数字身份”领域积极实践，通过智臻链 DID 应用，延伸出 KYB(know your business)以及 KYD(know your device)的概念。KYB 旨在帮助用户在业务生态网络中快速了解一家企业的业务情况；同时在 IoT 飞速发展的今天，KYD可以绑定设备与企业、设备与人的关系，三者合力将对业务生态内的参与者、业务情况以及设备情况关联形成网络，更便于企业对业务生态信息的管理。长远来看，智臻链DID整合KYC、KYB、KYD的能力，可以作为区块链交易数据的基础载体，明确业务生态内各类参与者的身份，为业务预判提供决策依据。

（案例来源：京东）

· 国外典型案例

【案例六】 分布式身份标识（DID）应用

1.案例背景介绍

得克萨斯州奥斯汀市正在测试区块链技术，以此作为无家可归者身份识别问题的潜在解决方案。虽然区块链最知名的是与加密货币相关联，但目前已有各种公司推出基于区块链的其他服务。许多团体和公司已经提出了使用区块链进行数字身份识别和身份管理的概念。在美国，选择流浪的人越来越多，政府在对他们进行统一管理时遇到了重重困难，身份信息难以获取等问题让政府对无家可归者的管理面临巨大阻碍，数字身份技术很好地解决了此类问题。

2.案例内容介绍

无家可归者面临着获得服务、住房帮助等问题。然而，这些人中的许多人不再能够获得政府颁发的身份证，也没有获得新副本的简单方法。这对全国城市来说都是个问题，奥斯汀市也不例外。

据悉，得克萨斯州正在探索利用区块链技术作为无家可归者的身份证管理平台，并使用彭博慈善基金会授予的补助金。根据彭博社报道，奥斯汀市有超过7000名无家可归者因身份证问题遇到延误或麻烦，寻求获得社会帮助。

这项测试中将使用区块链技术为无家可归者创建“唯一标识符”。有了这个标识符，他们就可以随时访问自己的个人记录，并且该标识符可用于访问服务和其他必要帮助。该项目将在未来四年运行。

3.案例价值与成效

通过这一技术，无家可归者都拥有了唯一标识符，由于无家可归者的流动性较大，且纸质记录或者塑料卡片等证件容易丢失，而区块链标识符不能被销毁，因此基于区块链技术的数字身份是最适合的标识符。有了这个标识符，他们可以随时访问自己的个人记录且易于政府机构进行人员管理。除此之外，这项技术还能更快更高效地为医疗服务打开大门；医疗的记录也可以依附于这个标识符上，即使在没有病例等实际记录的情况下也能享有医疗服务。

这是基于区块链技术的数字身份应用的早期尝试。这个方案的可行性也给未来更丰富的应用带来了思路和可能性。

（案例来源：杭州趣链科技有限公司，来源于网络）

1.3 市场监管

· 国内典型案例

【案例七】 浙江省市场监管局基于区块链的电子证据平台

1. 案例背景及解决痛点

随着我国数字经济的蓬勃发展，以电子商务为代表的线上经济活动发展迅速，线上交易数量、交易额近年来快速增长，交易种类也日趋丰富，但是同时也存在着价格欺诈、广告欺诈、贩售违规商品等市场乱象。由于电子商务活动主要依托线上开展，传统的市场监督执法手段，难以保证对以上违规违法活动的证据获取和固定。有别于书证、物证等传统证据，电子数据的搜索、保存、固定和分析有着明显的独特性，取证难、效率低，特别是电子证据的取证和固定需要证明数据完整和未经篡改（证据真实性）、取证环境的清洁性（证据合法性）、来源渠道的可溯性（证据关联性），对于市场监管部门是极大的挑战。

2. 案例内容介绍

基于以上背景，为创新监管手段、转变监管方式、提升监管效能，有效提升市场监管部门在电商等网络交易领域的监管能力，2019 年 11 月，国家市场监督管理总局委托浙江省市场监督管理局开展电子商务信用建设工程（即网络交易监管平台），是区块链、大数据等前沿技术在网络监管应用领域的全新探索实践。其中链城数字科技负责建设基于区块链的电子证据管理系统，是全国首个市场监管区块链电子取证平台，系统于 2020 年 7 月正式上线运行（见图 1-6）。

电子证据管理系统由针对网络交易监测系统线索有效性认定的“探针固证系统”和针对日常监管执法取证的“在线取证系统”两部分构成：

“探针固证系统”，通过在监测平台的关键节点植入区块链探针系统和抽样代码，实时跟踪运行状态，定期向监测平台投入特定的试验线索，抽样检查探针运行状态和监测结果的准确性，同步在区块链上登记，确保每条线索数据都有可被验证和鉴定的有效性证明。

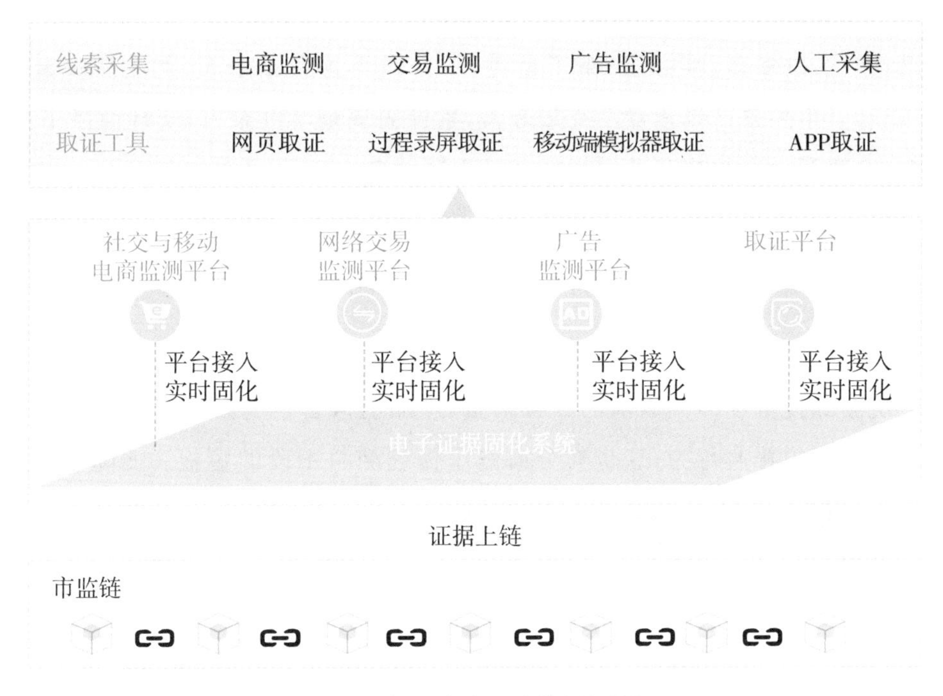

图1-6 电子证据取证-上链全流程图

“在线取证系统”，采用“互联网＋区块链＋电子数据司法鉴定机构”模式，搭建面向市场监管执法的在线固证平台，由“网页取证、录屏取证、移动端取证”3个具体取证功能构成，可在线生成固证执法文书和可供当事人校验的电子保全证书，覆盖线上线下各场景的固证需求。

3.案例价值与成效

电子证据管理平台是市场监管执法取证领域的一大技术创新成果，是区块链技术在市场监管领域的首次大范围应用，在全国市场监管系统是第一次尝试。在新一代信息技术的赋能下，平台将不断外延技术边界，拓展新的应用场景，为市场监管治理体系和治理能力现代化建设提供强有力的技术支撑。案例应用价值具体如下。

(1)电子证据管理平台的建设顺应了政府治理数字化、网络化的发展趋势，为网络监管执法和案件查办提供了有力技术支撑，利用区块链数据上链后难以篡改、完整可溯、易于校验的特点，有效解决了目前市场监管执法中遇到的电子数据取证难、效率低等痛点，通过技术手段赋能和提升执法能力、办案效率和监管水平。

(2)电子证据管理系统有效防止了网络交易场景中由于经营者因抵触检查不提供账号密码而使得执法人员无法进入网店后台，错过有效证据，或者经营者篡改或删除产品信息页面等情况的出现，切实提高了执法的有效性。

电子证据管理系统首期覆盖全国重点平台20余家，包括京东、淘宝、天猫、阿里巴巴、苏宁、拼多多、唯品会、饿了么等，平台内经营者万余人、重点品牌数百余个，上线后一年内累计线索量240余万条，累计固证量280余万，实现商品下架70余万个，为数百次行政执法处罚提供司法出证服务。

（案例来源：杭州链城数字科技有限公司）

【案例八】 浙江省市场监管局浙冷链

1.案例背景及解决痛点

传统溯源技术延伸到当前的日常消费，产品的假冒伪劣及无法验证已逐渐成为日常消费中的普遍行为，这也充分暴露了传统溯源手段的短板。而随着消费的不断升级，传统的防伪及溯源方法更是已无法适应互联网时代下消费者快速提高的防伪溯源诉求，成了广大行业亟须解决的桎梏。近年来，区块链独有的特性为溯源行业提供了新的解决思路，引起了溯源行业的新变革，也吸引了监管机构的注意。2019年5月，中共中央、国务院发布《关于深化改革加强食品安全工作的意见》，提出推进“互联网＋食品”监管，重点提到了区块链等新型技术，宣布将建立基于大数据分析的食品安全信息平台，推进大数据、云计算、物联网、人工智能、区块链等技术在食品安全监管领域的应用，实施智慧监管，逐步实现食品安全违法犯罪线索网上排查汇聚和案件网上移送、网上受理、网上监督，提升监管工作信息化水平。

冷链，是当今食品供应链中的重要环节，也是食品溯源中最易出问题的环节之一。目前我国冷链溯源主要呈现出以下痛点。

(1)经营主体不清。冷链企业备案条例已从2019年12月1日开始执行，仍然存在未备案或者虚假备案的冷链经营主体在从事冷链物流业务。

(2)数据标准化缺失。缺乏有效的沟通协调，导致不同标准之间存在重合及不统一等问题。且各地出台的标准多带有地方特色，质量差异颇大。

(3)数据公信力存疑。在中心化模式下，由于冷链流转链条上各方自身利益相关，存在机构为保护自身而篡改追溯数据的可能性。

(4)数据互通性不足。在以中心化构建的冷链溯源系统中，存在着数据难以共享、多重记录、运营效率低、依赖人工操作等问题。

2.案例内容介绍

“浙冷链”是浙江省市场监管局上线的浙江省冷链食品追溯系统，由蚂蚁区块链和阿里云提供技术支持，利用“冷链食品溯源码”，将冷链食品供应链全流程中的人、物、环境等相关信息汇集在冷链食品溯源码中，可以实现从供应链首站到消费环节产品最小包装的闭环追溯管理，全面掌握冷链食品供应链流向。

浙江省冷链食品追溯系统共分三大节点：一是供应链首站"进赋码、出扫码"。对进口和省外的冷链食品，进口企业和农批市场在产品外包装上加贴"冷链食品溯源码"，通过"浙冷链"扫码初次录入产品信息，完成供应链首站赋码。产品出库时再次扫码录入购买人信息。二是下游经营者"进出扫码"。农贸市场经营户、大中型商超、餐饮单位、冷库和生鲜电商在产品入库时，通过"浙冷链"扫码录入进货时间数量和产品规格等基本信息，出售时再次扫码记录采购者信息。三是公众"扫码查询"。消费者通过"冷链食品溯源码"扫码获知购买或食用的进口和省外冷链食品的产品信息，包括输出国家或地区、生产或进口批号、产地证明、生产日期、保质期、进口商或供货者信息、进口产品检验检疫信息等。

3.案例价值与成效

通过数字化闭环管理，"浙冷链"系统的应用实现了对进口冷链食品"一码联通、一链存证、一体监管"。"一码联通"是"浙冷链"二维码，这是一个溯源码，消费者用支付宝扫一扫二维码，就能看到该产品输出国家或地区、生产或进口批号、进口商或供货者信息、进口产品检验检疫、消毒、核酸检测报告等信息。而市场监管部门可以通过二维码知晓货品流通情况，整个流向路径全部清晰可追溯，方便形成闭环管理。"一链存证"是进口冷链食品经过"一物一码"的纸质码和电子码标识，食品流转的入库信息写入区块链，保证信息无法篡改和删除。"一体监管"是监管后台通过汇集采集端数据以及海关数据，对日常冷链商品进行数据汇集分析，通过追溯码记录对商品流向记录进行精准查询。利用省、市、区县多级联动，不同层级监管部门可对各自所辖监管对象以及下级单位查询管控。

从2020年6月上线起，浙江省全面推广"浙冷链"系统，截至2021年2月，浙冷链系统已纳入3.1万家企业，累计赋码627万个，近30日入浙进口冷链食品日均2273吨，均已实施闭环管理。创新"链＋仓"监管模式，全省建成31个进口冷链食品集中监管仓，自2020年12月以来累计入仓7.5万吨冷链食品，及时发现5起抽检核酸阳性货品，通过监管仓累计阻断332.8吨问题进口冷链食品流入省内。

（案例来源：杭州链城数字科技有限公司，来源于网络）

【案例九】 佛山市禅城区"区块链＋疫苗安全管理平台"

1.案例背景及解决痛点

接种疫苗是人类预防控制传染病最经济、最有效的手段。预防接种意义重大，是关系到广大儿童健康和生命安全的一项民生工作。近几年来，问题疫苗事件屡屡发生，社会和公众对疫苗安全高度关注。2019 年 5 月 29 日，广东首例“区块链＋疫苗安全管理平台”项目建设在佛山市禅城区正式启动，2020 年初投入使用。该项目建设利用信息化手段打造区域信息化疫苗管理平台，通过资源整合和信息共享，加强对疫苗从生产、冷链运输、仓储、流通、预约、接种以及事后跟踪等全流程的监管。

2. 案例内容介绍

禅城区在市卫生健康局的支持下，充分运用区域全民健康信息和计划免疫业务管理信息，建立基于区块链技术的疫苗全程冷链及流通溯源“区块链＋疫苗安全管理平台”。该监管平台具有“强监管”和“更便民”两大特点。

在“强监管”上，以疫苗追溯码为核心，实现疫苗流通过程、储运环境和接种过程的智能和可视化监管。并为禅城区接种的每个接种对象建立疫苗接种档案，实现从疫苗来源到接种后的健康跟踪，全过程数字化管理，守护禅城百姓一方平安。在“更便民”上，通过平台的建设，群众借助手机终端，即可提前掌握接种时间，实现预约接种服务，在约定时间内到达接种门诊，大大缩短现场等候时间；通过手机还可实时查询自己和孩子详细而完整的疫苗和预防接种信息，对每次接种的疫苗来源、流通等情况均能及时掌握，接种更安心。

平台建设疫苗储存运送冷链温度监控系统及安全管理监控系统。平台记录疫苗从出厂运输、疾控中心仓储、社区点存储、取用等各个环节数据，为每一支疫苗建立追踪档案。利用区块链的技术将疫苗的生产厂家、流通过程、冷链储存以及接种记录的信息加密上链，从生产交付到接种记录的全流程均处在“区块＋链式”的记录下，实现责任具体化，使管理更智能更高效，也能达到全民参与监管的目的。

平台运用区块链技术实现数据信息共享。通过对接市级系统接口，可获取疫苗库存、流通和接种记录数据，从而可实现公安、流动办、政务服务数据管理等多部门数据互联互通，可实现疫苗数据的精准预测和上报，可实现一张图精准展示疫苗接种情况。

3. 案例价值与成效

“区块链＋疫苗安全管理平台”建设，可以使政府、医院、市民等社会各方获益。对于政府，通过区块链技术保障了对每支疫苗从生产流转到接种的全流程记录和全程可追溯，能帮助职能部门提前预警和快速发现疫苗出现的问题环节，对受种者的大数据分析，也能为政府制定疫苗管理和疾病防控政策提供科学依据和数据支撑，便于更精细化的管理；对于医院，通过信息化手段优化疫苗的冷链存储监控、出入库管理、接种管理，提高医护人员工作效率，降低操作失误风险；对于市民，通过数据整合和共享，提高疫苗接种预约效率，增加对疫苗全流程信息查询的透明性，减少疫苗相关业务办理环节，提高公众的知情权和参与度，增强获得感。

（案例来源：杭州链城数字科技有限公司，来源于网络）

· 国外典型案例

【案例十】 DHL 区块链药品物流追踪平台

1. 案例背景及解决痛点

2018 年 8 月，美国运输公司 DHL 联合埃森哲，共同推出了一项基于区块链的序列化项目，通过区块链技术来进行产品验证。现流通在市场中的药品，其安全性难有保证。普华永道的报告显示，假冒药品每年有 2000 亿美元的营业额，即便在世界上最安全的市场中，流通中的药品至少也有 1% 属于假冒伪劣产品。区块链在金融领域中已有非常多的应用，而在药品追溯的应用则需要更多的技术创新，以及各环节的协同合作。每年，由于药物运送过程中出现的信息纰漏及人为失误，让大量病人的生命受到威胁。因此，DHL 与埃森哲的项目专注于药物供应链——区块链的共识机制能够解决供应链中的各个环节的信息不对称问题。

2. 案例内容介绍

DHL 与埃森哲联合开发了基于六域模型的区块链技术，用于药物的物流追踪（见图 1-7）。分类账上的药物物流信息将会被分享到物流中的每个环节，包括制造商、仓库、分销商、药房、医院和医生等。受到监管机构强制要求的手工流程的约

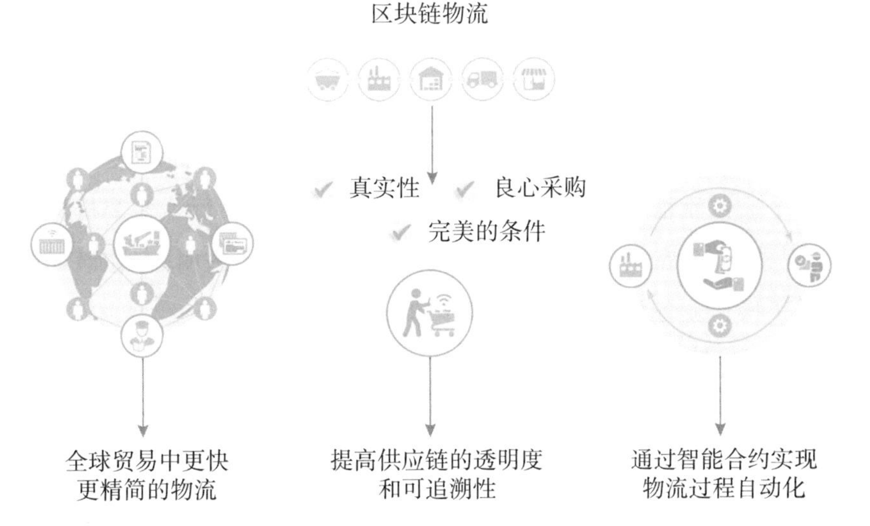

图 1-7 区块链物流链展示

束，公司通常必须依靠手工数据输入和基于纸张的文档来遵守海关流程。所有这些都使得追踪货物的来源和货物在供应链上的运输状态变得困难，从而在全球贸易中造成摩擦。区块链可能有助于克服物流过程中的这些摩擦，实现物流过程效率的实质性提高。同时，区块链还可以实现相关供应链利益相关者之间的数据透明和访问，从而创建一个单一的真相来源。区块链技术固有的安全机制还增强了涉众之间共享信息所需的信任。

3.案例价值与成效

区块链可以通过支持更精简、更自动化的流程来实现成本节约。除了为物流操作增加可见性和可预测性之外，它还可以加速货物的实际流动。对商品来源的跟踪可以在规模上实现负责任和可持续的供应链，并有助于打击假冒产品。基于区块链的解决方案为新的物流服务和更创新的商业模式提供了潜力。

（案例来源：杭州链城数字科技有限公司，来源于网络）

1.4 综合监管

· 国内典型案例

【案例十一】 雄安新区征迁安置资金管理区块链平台

1.案例背景及解决痛点

雄安新区建设已进入实施阶段，做好征迁安置工作对于推进当前各项工作，对打造“雄安质量”和“廉洁雄安”至关重要，要做到依法征迁、阳光征迁、和谐征迁，确保相关工作经得起法律和实践检验，确保征迁安置每一个环节、每一个步骤都在阳光下进行。传统的征迁资金管理模式存在着一些业务痛点问题：

(1)大量人工操作，业务风险高。传统的征迁安置资金拨付主要通过线下经过村、乡、县逐级审批的方式完成上报，上报通过后经过财政部门再逐级向下进行资金拨付。整个拨付流程中，县财政、县政府、改革发展局、银行等多个机构之间的信息，无法实现共享，存在大量的信息孤岛，致使资金拨付不透明，存在潜在的业务风险。同时手工操作业务量大，存在误操作情况，业务风险高。

(2)手工记账模式，资金拨付效率低。县财政确定资金发放清单后，向银行发起资金拨付指令，银行完成资金支付后，县财政根据银行的拨付情况，操作人员逐笔登记已经完成的拨付资金，手工完成资金记账，统计汇总等工作，工作量大且效率不高。

(3)数据标准不统一,资金缺乏透明管理。传统的征迁安置资金拨付由各个银行完成本行的资金拨付并反馈给县财政,数据标准不统一,增加了资金对账的成本,且各银行的县财政专户拨付明细缺乏阳光透明管理。

2.案例内容介绍

雄安征迁安置资金管理区块链平台由工商银行承建,使用工银玺链为底层技术平台,政府各部门、各商业银行组成联盟链,对接政府各部门系统、雄安新区块数据平台、银行核心系统,将征迁测量数据、征迁合同、资金审批、结果查询全流程链上管理,降低人工操作和校对风险;通过智能合约向银行发送资金支付指令,资金从县级财政专户直接发放至新区征迁安置对象账户,并对支付结果等信息进行多维核对、可视化查询,保障征迁资金的高效、安全、准确发放。平台实现征迁原始档案上链存证、资金穿透式拨付全流程链上封闭运行,确保资金拨付流程阳光透明,形成"金融科技+政务服务"的征迁安置资金管理新模型。

征迁安置资金管理区块链平台通过信息上链自动获取征迁管理系统的入户调查、测绘信息、征迁合同等信息,进行信息核对、账户核验,完成信息采集后将征迁安置信息传送至征迁区块链业务系统。政府部门相关经办人员在系统内即可办理资金拨付计划、提交资金拨付指令,相关部门审批通过后,智能合约自动生成支付指令,通过区块链平台向银行发送资金支付指令,将资金拨付给新区居民,并实现系统自动记账、信息多维核对和可视化查询,业务流程见图 1-8。

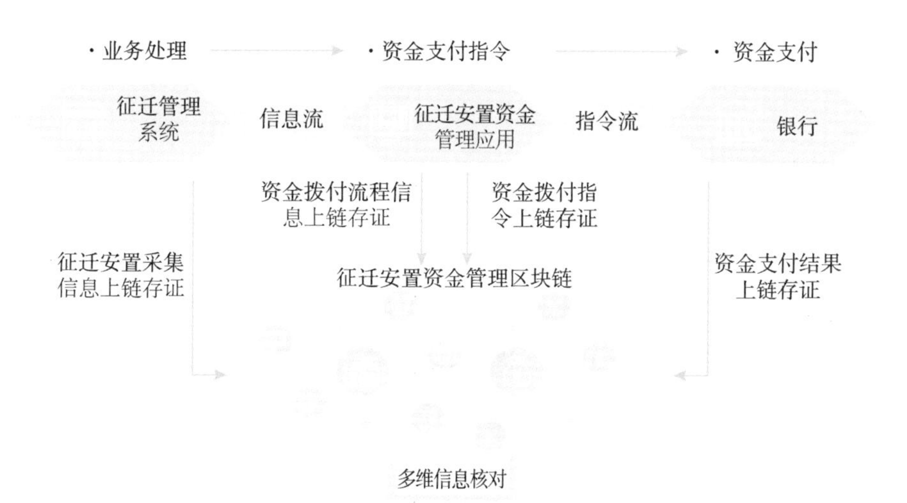

图 1-8 业务流程示意

3.案例价值与成效

征迁安置资金管理区块链平台实现了资金拨付流程的优化、拨付效率的提升、拨付环节的透明。平台整体上具有数据公开透明、信息共享协作、流程闭环管理的特点，通过数据和服务资源整合提升平台应用价值。自平台上线以来，雄安征迁安置工作已取得良好进展，业务成效显著，具体体现在以下几个方面。

(1)提升资金拨付效率，拨付工作阳光透明。征迁安置资金管理区块链平台实现征迁的测量、征迁合同、征迁资金拨付、征迁管理费支付、结果查询的全流程链上管理，降低人工操作和校对风险，保障征迁资金的高效、安全、准确发放，是打造“廉洁雄安”必不可少的重要手段。

(2)助力新区数据互联互通，打破数据壁垒。征迁安置资金管理区块链平台通过与新区块数据平台等外部系统深度对接，打通平台与新区各政府机构、银行、合作方系统数据交互通道，满足新区数据开放和共享融合要求。

(3)促进金融服务融合，发挥大数据价值。依托金融机构金融服务融合和拓展能力，实现征迁安置资金管理区块链平台与金融机构已有产品的精准对接，将政府大数据能力输出，提高新区金融服务水平，助力数字雄安建设。

平台于2019年5月首次上线即已实现工商银行、农业银行、中国银行、建设银行等金融机构系统的对接，并在此基础上不断扩大实施范围。在新区的统一指挥和调度下，平台已完成多次大规模征迁合同线上拨付。截至目前，平台累计完成资金拨付超过360亿元，服务179个村4.8万多个拆迁户。随着征迁工作逐步推进，同时依托平台数据融合和拓展能力，后续将会有更多银行参与平台共享共建，实现平台与链上各金融机构已有产品的精准对接，提高新区金融服务水平，也有利于新区居民和企业享受到金融机构便利的金融产品和服务。

(案例来源：中国工商银行)

【案例十二】 安监链

1.案例背景及解决痛点

近年来工程安全问题以及“豆腐渣”工程的增加，工程安全监控逐渐成为人们关注的重点。伴随着城市化的发展进程，城市建设出现了越来越多的深基坑、高大边坡工程、大坝、高层建筑、市政隧道、大跨度桥梁等重大工程，一旦发生事故，将会导致严重的经济损失和恶劣的社会影响。

而传统的监控量测工作，一方面由于大量依赖人工测量，存在着工作不规范、人员投入多、监测实施成本高、测量数据易失真等问题，监测单位不得不投入巨大人力成本和管理成本以保证监测质量。此外，监测单位和政府监管部门缺乏信息化的数据采集、分析、决策手段，导致监测数据仅以周期性的纸质报告形式存在，对于风险预防和及时响应能力不足，受到数据可信度的影响，监测报告的公信力也难以得到有效保障。

2021年10月，常德市住房和城乡建设局正式发布全国首个区块链防灾预警安全监测平台“安监链”，平台将区块链、物联网、大数据等先进技术与工程安全监测创造性融合，为解决传统安全监测中存在的问题，推动区块链与智慧城市建设结合，提升城市管理的智能化、精准化水平提供了新范式。

2. 案例内容介绍

安监链（城市建筑工程安全监管区块链平台）由技术运营方杭州链城数字科技有限公司和深圳市城安物联科技有限公司联合打造，将区块链基础设施与物联网设施有机结合，创造性地构建了“区块链＋物联网”应用模式。平台通过采用区块链技术的存证服务平台为监测云平台提供区块链服务，对海量信息进行统一集中管理和智能化处理，打通了数据可信的“最后一公里”。利用区块链的不可篡改性和可追溯性，有效溯源安全问题环节，实现及时有效的举证与问责，为监管部门提供全面可靠的数据支撑。平台实现了工程安全监测数据全程上链，形成完整可信数据流，增强了应急处置能力和安全事故防范能力。

平台综合利用北斗精度定位、高精度测量机器人、智能采集传输设备（5G、CAT1、Lora、NB通信）、边缘计算网关、智能感知传感器（测斜、水位、应力、激光、裂缝等传感器）、视频监控和监测云平台等技术，正广泛应用于基坑自动化监测、地质灾害监测与预警、隧道监测和桥梁健康监测等场景。平台提供巡检记录、报告管理、监督管理、生产效能控制、监测工作进度控制、工程量精准控制、大数据展示平台、三维展示、项目总览和管理、数据上传与及时计算、预警管理和曲线管理等10余项应用功能。平台利用标准化的报告模板，依托前端采集设备提供的可信监测数据，根据监测单位和监管部门的需要，可自定义周报告、月报告以及最终监测报告等各类报告并进行自动生成。报告中相关监测数据均可在区块链平台中进行追溯和查询，节省了监测单位大量的报告制作工作量，提升了报告生成的速度。此外，业主方、施工方、监理方、监测方和政府监管部门可通过平台实时、可视化地查看各类在建和已建工程项目的监测和数据。当数据超过阈值时，系统将自动启动告警策略并通过短信、邮件、系统通知等手段及时告知项目相关干系人，便于及时进行处置和干预。其中，政府监管部门则可有效对监测报告中的数据进行穿透式追溯，有效锁定问题源头，为有效实施监管提供了支撑，构建了监测实施单位和监管部门共赢的新型平台运营模式。

3. 案例价值与成效

湖南博联工程检测有限公司是安监链的首批用户。平台有效提升了该公司在安全监测预警工作方面的智能化、自动化、精确化程度，大幅优化了企业监测工作的效率和效果，也实现了企业内部对项目更全面和严格的监管，更加及时准确地规避行业风险。

对于监管方，平台可以帮助其实时掌握辖区内建设工程的安全状况，填补了常德市建设工程的技术监管空白。同时，也督促各单位更严格地执行建筑工程安全生产法规、规范，有利于预防事故的发生。平台有利于解决现有安全监测手段成本高、耗时长、及时性差、管理不规范、数据不可信、预警信息滞后等痛点，将全面提升安全风险防范能力，提升安全生产治理体系与能力现代化水平，并将进一步引导和规范行业发展，促进更多新技术在建设工程监测中的应用。

平台所构建的政府和监测单位共赢的新型运营模式，为解决传统安全监测中存在的问题，推动区块链与智慧城市建设结合，提升城市管理的智能化、精准化水平提供了新范式。平台一方面提升了监测单位的监测智能化程度和监测结果公信力，降低了监测工作的人工成本，省去了烦琐的报告编制流程，实现了监测数据自动化的“采集-分析-汇总-报告出具”一体化服务，另一方面也增强了政府安全生产信息化、网格化、数字化监管能力。

（案例来源：杭州链城数字科技有限公司）

【案例十三】 邹平区块链生态环境监管平台

1.案例背景及解决痛点

随着互联网、大数据等现代科技的不断发展，生态环境保护信息化工作不断推进、成效显著。然而受技术局限、制度缺失等因素限制，生态环境监管工作仍存在诸多痛点。一是随着查办环境污染犯罪案件的增多，地方执法司法机关存在调查取证难、司法鉴定难等突出问题；二是互联网时代使得环境违法案件具有数据量大且分散、证据电子化且易灭失、类型化多、执法成本高、协同效率低等新特点，海量数据信息无法高效利用。

因此，为深入贯彻落实习近平总书记关于推进国家治理体系和治理能力现代化的重要论述，准确把握信息革命的历史机遇，积极回应互联网时代生态环境监管的新需求，滨州市生态环境局邹平分局响应新的历史使命和时代要求，因势而谋、应势而动、顺势而为，牵头建设了首个以智慧执法为中心、以监管预防为抓手的生态环境保护联盟链。2020 年 12 月，山东首个生态环保联盟链及基于该联盟链的环境监管平台和协同执法电子证据共享平台在山东正式发布上线，这也代表着区块链技术在生态环境执法监管建设领域踏出了坚实的一步。

2. 案例内容介绍

由山东省滨州市生态环境局邹平分局牵头建设的山东首个以智慧执法为中心、以监管预防为抓手的区块链生态环境监管平台正式发布上线。这是区块链技术赋能生态环境监管领域的一次积极探索。平台由杭州安存网络科技有限公司提供服务支持，围绕区块链生态环境监管“一链双台”开展建设。一链即生态环境保护联盟链。联盟链通过部署区块链机硬件，以生态环境局作为联盟链主节点，协同公安、法院、大数据中心等相关业务部门节点，提供可核验、可调用的执法证据，并为执法证据提供所需的数据原文共享、流转、认定等功能；双台即协同执法电子证据共享平台和生态环境监测监控平台。在当地已有的生态环境监测监控平台基础上，借助区块链、时间戳、数据加密、北斗定位算法等先进技术手段，将司法证据规则、数据采集规则前置，实时采集监测监控源头数据，并通过生态环境局节点实时上链固证，使监管数据从终端接入，实现产生、收集、上链存取、归类、共享、验证、流转等全流程实时留痕可追溯，并同时计算哈希值直通司法部门，保障监管数据全生命周期安全可信。

利用区块链技术将全市企业用能监控数据统一纳入区块链生态环境监管平台；为确保执法案件证据的收集、存取、核验以及信息共享更为可信、完整、安全、方便，且符合司法证据和数据采集规则，通过区块链机硬件节点，实现与公安、法院、大数据中心等部门共建生态环保链联盟链，实现协同执法电子证据共享。区块链生态环境监管平台技术架构见图 1-9。

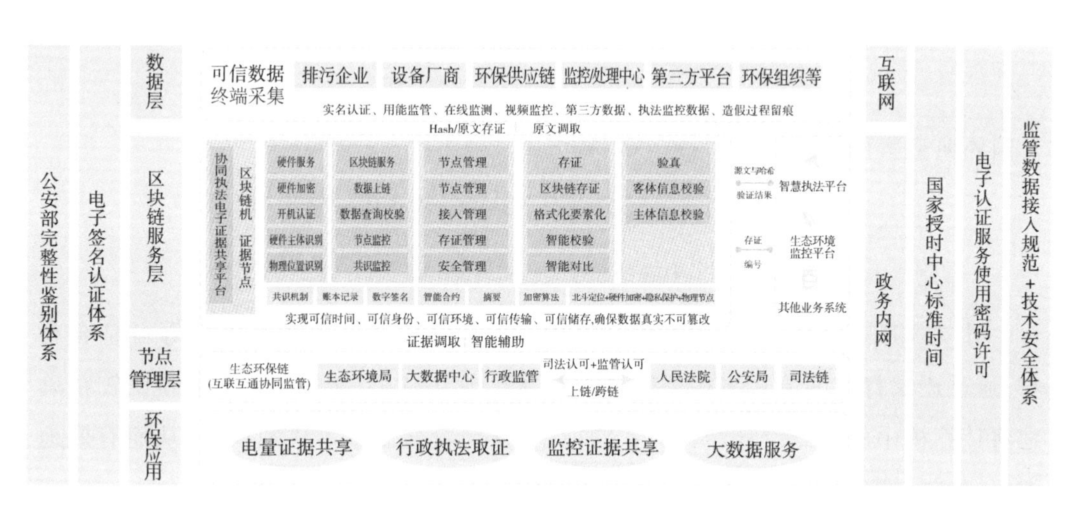

图 1-9　区块链生态环境监管平台技术架构

“IoT＋区块链”技术融合运用，在线监控设备终端内置自动触发的可信职能合约存证、北斗定位等模块，实现端对端传输。设备终端内置区块链核心技术，保障监管数据真实、完整、可信。终端环境监管原文数据实时通过本地节点上链存证，并同步哈希数据直通公安、法院等共识节点，将环境监管数据变为司法证据，及时固证、实现全程留痕可追溯、全程可信可查验；有效预防或减少生态环境监控数据造假等违法违规行为。

3. 案例价值与成效

平台自2020年12月22日上线以来，已实现5家以上部门协同共享，上链监控点位计划覆盖6000余个终端设备，预计超1000家工业企业通过区块链技术实现链上自治。半年来，数据存证量已达3000余万条，监管范围无1条环境监测篡改伪造记录，无1家企业环保数据造假涉案，对工业企业潜在的环境违法行为形成高压震慑，极大提高了工业企业环境自治的效率，有效避免了生态环境监测造假的行业弊病。平台有助于管理好邹平地区的生态环境数据资源，建立一个智慧化的数字生态系统，帮助政府为进一步改善环境做出重要决策，为"美丽中国"建设的邹平样本和展示新时代中国特色社会主义的"重要窗口"再树标杆。

这种非现场的执法模式不仅使环境效益显著，而且从经济效益来看，生态环境局的人力执法成本大大降低，提高了环境执法效率的同时降低了环境治理成本，能够促进当地工业企业绿色协调发展。为"安存""申科"等第三方信息化企业带来了更好的发展契机，使其能进一步推动区块链和生态环境监管技术工艺的完善，使生态环境信息化监管形成完整的产业链，给地方带来巨大的经济效益。

（案例来源：杭州安存网络科技有限公司）

· 国外典型案例

【案例十四】 美国空军3D打印装备供应链监管

1. 案例背景及解决痛点

3D打印是一种以数字模型文件为基础、运用粉末状金属或塑料等可粘合材料、通过逐层打印的方式来构造物体的技术。它可以自动、快速、直接和比较精确地将计算机中的三维设计转化为实物模型，甚至直接制造零件或模具，从而有效地缩短了产品研发周期。

3D打印因为其快速精确的设备制造能力，受到了美国军方的青睐。美国空军快速维持办公室（AFRSO）已经开始尝试使用"3D打印技术＋区块链"的模式，使美国空军可以在全球前线阵地和基地制造、测试和部署复杂的飞机零件和其他武器(见图 1-10)。

图 1-10 战场 3D 打印概念图

2. 案例内容介绍

区块链创新者 SImple Blockchain Applications(SIMBA)与 AFRSO 合作,建立一个位于集装箱内的设备齐全的移动 3D 制造工厂。每个集装箱都配备了用于安全进行金属和纤维 3D 制造、加工、成品检查以及通信所需的所有组件和资源。此外,美国空军还可对移动 3D 工厂单元进行控制,使集装箱内的环境舒适并保护军事人员和设备。由于这些集装箱以及箱内设施方便运输,因此非常适合 AFRSO 的高科技、随时待命的需求。

由于军事机密等原因,使用传统的供应链通信技术会存在巨大的安全问题,特别是在军事应用中。这个安全漏洞为敌方对实体提供了获取和修改关键数据的机会。SIMBA 将为美国空军创建一个区块链原型,用于在整个生命周期内注册和跟踪 3D 打印组件。借助 SIMBA Chain,可以将最高机密的 3D 打印计划发送给前方部队,使其免受不必要的监控。此外,第三方也无法篡改战机的维修数据。

3. 案例价值与成效

美国空军通过与 SIMBA 公司合作,建设了一条基于区块链的战场 3D 打印物资供应链。基于区块链的 3D 打印供应链不仅利用增材制造(AM)使空军能够在数天而不是数月的时间内设计和生产零件,更快地响应基地和海外战场的装备需求,而且在 SIMBA 区块链技术的支持下启用和维护数字供应链,确保数据完整性并防止篡改和通信。目前可知的黑客的威胁可被在全球范围内分布式、分散的基础上部署 SIMBA Chain 区块链打破,保证了相关信息的数据安全。

(案例来源:宁波标准区块链产业发展研究院,来源于网络)

1.5 应急管理

· 国内典型案例

【案例十五】 危化安全生产数字化(区块链)监管平台

1.案例背景及解决痛点

当前,以大数据、云计算、区块链技术、人工智能为代表的新一轮科技革命和产业变革方兴未艾,且已展现出在推进公共服务、政府管理、社会治理等方面的巨大潜力。抓住信息革命历史机遇,将其融入公安监管工作各个环节,是大势所趋。从实践来看,依托信息技术实现精准监管,成效初步显现。推进区块链技术在公安监管领域的深度应用,还有很长的路要走。

公安部在2020年及2021年的全年工作规划中,均将“加快区块链技术应用”单列为年度工作重点,并着重提出“运用区块链技术探索对重大异常、安全时间的溯源追踪手段,完善执法监督系统中管理日志记录、事中监督、事后审计等工作,提升执法监督的真实性、可信度”。提升公安监管的信息化水平,不是赶时髦、摆“花架子”,更不能搞一刀切,而是要发现更多传统监管手段难以发现的违纪违法问题。要面向监管一线、面向群众深入调查研究,总结监管经验,梳理实际难题,借助信息技术构建数据模型,获取真实数据中,并从中找出规律和潜在联系,以实现对疑似违规问题的快速捕捉、自动预警。在充分发挥现有信息技术手段的同时,积极探索符合监管工作实际需求的技术创新,提升事前进行筛选分析、研判处置问题线索的质量和效率。

2.案例内容介绍

危化安全生产数字化(区块链)监管平台是安全生产领域首个基于区块链“芯片+云+链”架构的落地应用,围绕高水平安全保障高质量发展的目标,聚焦危险化学品全链条、全要素、全过程,打造“数据多源、纵横贯通、高效协同、治理闭环”的危化安全风险智控体系,推进危化品安全生产治理体系和治理能力现代化(见图1-11)。

安全生产数字化(区块链)监管平台基于区块链技术和大数据智能技术,以剧毒、易制毒、易制爆化学品监管作为重点,结合亚运安保及区公安安全管控工作部署要求,强化警务危化品监管领域隐患感知及处置能力,对危化品采购、仓储、申领、出入库、使用、日常安全监测全流程进行精细化管控,对公安业务数据、企业上报数据、物流感知数据、AI分析数据进行综合研判、融合分析,实现分级分类预警

图 1-11　危化安全风险智控体系

与处置闭环，强化公安危化品隐患感知、预警处置能力。

运用全球领先区块链的技术，将巡查人、时间、地点、过程存证在区块链上，形成完整的全过程链条，可回溯、可审计；一旦发生事件和纠纷，可迅速界定责任，追溯事故发生的原因。

在存储层面，宇链科技提供可信对象存储系统（TOSS），解决海量数据存储难题。出于场景对数据的需求，TOSS针对性地解决了调用频次少、数量大、成本高等难题，让客户不再被数据泄露、数据备份、存储成本所苦恼。

依托于区块链芯片，宇链科技实现硬件层面的安全隐私计算，为数据打造“安全屋”，实现数据可用不可见，各单位可以点对点、共享式地传输和获取数据，赋能智慧公共安全管理（见图 1-12）。

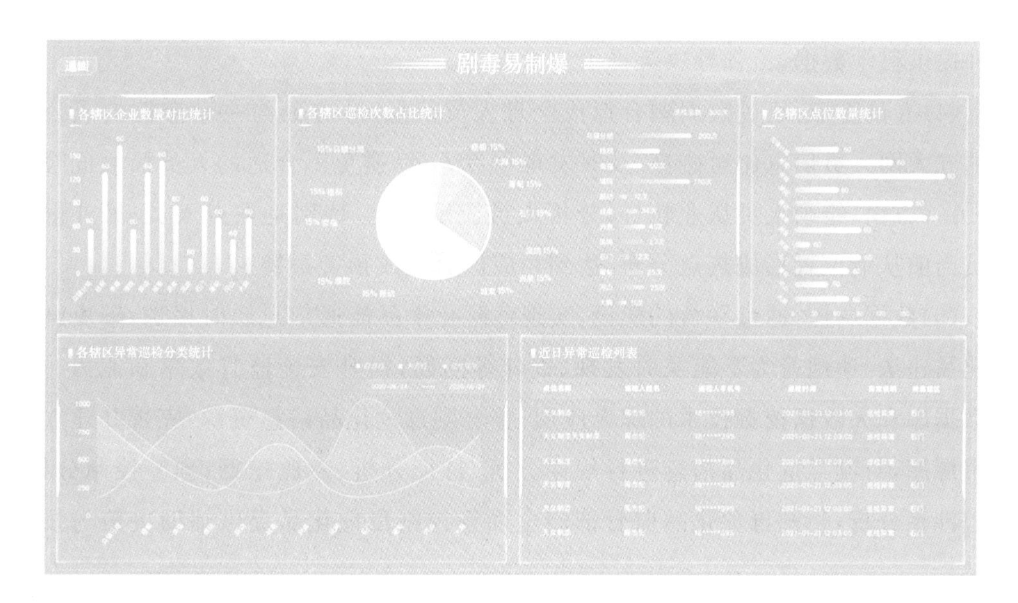

图 1-12　后台管理系统-数字驾驶舱

同时，配备后台管理系统，部署在宇链云 BaaS 平台上，是监管部门对辖区设施设备进行实时、有效、科学监管的应用载体，运用区块链、云计算、大数据等技术，基于区块链可信的数据作为支撑，实现详细的巡检信息的汇聚与管理，通过优化配置各方资源，提升巡检的可靠性，降低管理成本，增强监督服务质量，兑现管理效率，节约管理成本，为安全事业提供可信的大数据决策分析能力。

平台的具体功能应用包括以下几点：

(1)现场监控：多层次、多角度地采集和掌控危险危化品库房、车辆、作业现场、从业人员等监管对象实时信息。通过信息系统实现对监管对象进行管理。利用信息采集、图像监控和地理信息的不同手段同步进行关联和展示。如：同时展示剧毒危化品的库房或关键作业现场基本情况的基本信息、现场监控图像、所处地理位置等。

(2)物品掌控：全方位、无缝隙地掌握剧毒危化品流通的各个环节轨迹(流向)信息。通过在销售、出入库、领用发放、作业等环节采集物品数量、品种、日期、单位和人员信息，通过在库房和作业现场采集出入库物品、装卸车辆、接触剧毒危化品人员的实际信息，并加以综合分析相互印证，实现对危险物品流向轨迹的无缝隙掌控。

(3)事件把控：多形式、多途径地掌握危险化学品突发事件报警信息。通过电子地图直观展示突发事件发生地点，远程图像清晰展现突发事件现场状况，手机短信快速告知突发事件相关监管责任人，电脑文字显示突发事件所属单位、人员、物品、安防情况，报警声音提示监管人员收集突发事件有关资料等，为快速处置突发事件提供科学数据，给领导决策提供技术支持。

(4)人员管控：通过数据融合形成全息人员信息，一方面与主动布控的或公安部的五大网人员信息比对碰撞，及时发现重点人员，避免不合适的人员接触危险物品；另一方面，绘画人员从业轨迹，分析人员流动情况，特别是重点人员；另外根据人员当前从业位置形成热点分布，达到相应值时形成预警报警。

(5)数据调控：通过平台的建设，实现危险化学品流通信息实时报送，解决剧毒危化品违法、违规行为不能及时发现、查处等问题，提升安全监管效率和能力。通过数据库和大数据挖掘技术的综合应用，整合剧毒危化品信息资源，完善并建立信息资源库，对剧毒危化品信息进行规律分析、特征分析、专题挖掘、预警控制分析、涉恐涉稳分析，为剧毒危化品监管部门全面管控剧毒危化品提供辅助决策与技术支持。

3.案例价值与成效

目前该平台已在温州、绍兴、宁波、杭州萧山等多地开展试点工作，数千家危化品企业安装了宇链可信硬件，平台已产生数万条安全管理记录。目前正定向落地浙江省26个区县，并将于2022年覆盖浙江全省，2023年开始向全国推广。该案例体现的价值效益包括以下几点：

(1)实现监管人力“降本增效”。以往的各类危化品监管平台、软件、系统等虽然帮助公安和企业解决了安全生产中的“信息化”问题，但没有解决监管人力的“降本增效”的问题。而危化安全生产数字化(区块链)监管平台通过软硬一体(区块链＋前端物联网硬件)可实现全流程全链路可信的数据通路，可大大降低监管人员上门核查的频率，降低警力消耗成本，同时由于数据覆盖了危化品日常使用全流程、全闭环情况，监管范围扩大、监管效能提升。

(2)实现真实透明监管，促进公正柔性执法。通过区块链实现被监管主体和监管者的账本一致性和数据的不可篡改，使得被监管方明确自身行为记录的确定性和承担相应后果的必然性，一是方便公安执法，二是通过天然的不可篡改性避免公安面临“拟上市企业压力”、“走关系”等难题，三是起到固证作用。

(3)数据安全可信共享，实现权责分明“联查联改圈”。该平台基于区块链的高可信数据共享技术，支持数据全流程高可信、高安全的共享应用。在数据产生时，保证数据本身的真实性和数据来源的可靠，在数据整个生命周期中，为数据各类重要时间可溯源、数据流转过程可溯源、重要操作留痕。在公安、应急管理、生态环境、交通等部门可实现权责分明的“联查联改圈”，实现问题相互抄送、处置相互通报、风险相互预警的能力。

(4)有效解决企业管理者与员工之间的不信任。通过穿透性管理模式，利用区块链和可信硬件的结合，实现将企业内部人员操作行为记录留痕，为危化品企业内部管理层与员工之间构建可信桥梁，降低企业内部信任成本。

(5)保护企业经营数据隐私安全。平台上存在大量企业日常经营数据，其中可能涉及企业的商业机密信息，为防止被其他同类型竞争企业获取，该平台运用区块链可通过数据加密及链上权限控制有效保障企业隐私数据安全。

(案例来源：杭州宇链科技有限公司)

· 国外典型案例

【案例十六】 美国Chainyard公司基于Fabric的区块链灾害救援解决方案

1.案例背景介绍

2018年，全球共发生315起自然灾害事件，造成11804人死亡，超过6800万人受到负面影响，经济损失达1317亿美元。目前在全球大气环境紧张的背景下，飓风、龙卷风、森林火灾和其他自然灾害可能也会经常发生。无论何时何地发生，自然灾害的影响都是巨大的，受影响的社区都需要大量时间、精力和资源来重建。在这些自然灾害期间和之后，公司、救援机构和非政府组织与地方、州和国家政府以及社区居民共同合作开展管理救援工作。这些利益相关者在灾害管理工作中经常面临一系列操作挑战，例如救援工作中缺乏信任、透明度和可审计性，与救援工作相关的活动和交易记录缺失或不正确，难以确保救援资源用于受灾地区；烦琐的志愿者注册流程，各组织间缺乏沟通协作，捐助者和机构渠道或流程单一，收集和分配工作困难，导致重复劳动和浪费。

2. 案例内容介绍

Miracle Relief Collaboration League（MRCL）是一家在得克萨斯州注册的501（c）3非营利公司，专注于为受灾害事件影响的人们提供服务。MRCL正在寻找解决上述挑战的方法，以便在飓风和洪水等自然灾害救援工作中将需求与资源联系起来。

从企业架构的角度来看，救援工作涉及各方之间的协作、满足需求和交换货物——这是一个经典的物流中断阻碍进展的供应链。

在遭受自然灾害袭击的地方，很少有人愿意以食物、药品、住所和其他必需品的形式捐赠援助。其中问题之一是物流。对自然灾害的有效应急响应需要多方之间迅速、协调的行动。

区块链解决方案是解决上述挑战的理想选择。示例包括以下内容：

（1）一个通用平台：区块链通过拥有一个单一的、可信的分类账，在参与救援工作的所有利益相关者之间实现协作和协调。

（2）不可变数据：一旦数据被记录下来，就不能轻易更改，从而为商品和服务的收集和分配创建了一个审计跟踪和可信系统。

（3）安全共享和管理：文件和个人身份信息（PII）可以安全地管理和共享给需要知道的各方。这有助于遵守不同地理区域的隐私法规。

（4）需求报告：来自不同地区的需求（需求）可以由受信任的参与者记录在单个网络上，并由不同的机构满足。这样可以避免重复和浪费。

（5）改善第三方信任验证：需要可通过3个验证各方增加互信。

（6）跟踪和可见性：可以跟踪供应品的库存，从接收到仓库直到交付到最终接收者。这提高了透明度并促进了物流，从而加快了响应速度并避免了救援组织之间的重复工作。

(7)表彰志愿者的努力：可以捕获、跟踪、奖励和审计志愿者的工作时间。激励措施，即使只是认可，也可以导致更多的社区参与。

(8)未来代币化：潜在的未来代币化和与稳定币的链接可用于为激励志愿者提供帮助。

Chainyard 团队与 MRCL 领导层和志愿者合作，构建了一个基于区块链的解决方案，以取代旧的 MS Access 应用程序。该架构(见图 1-13)基于 Hyperledger Fabric，该解决方案正在 Google Cloud 上试运行。

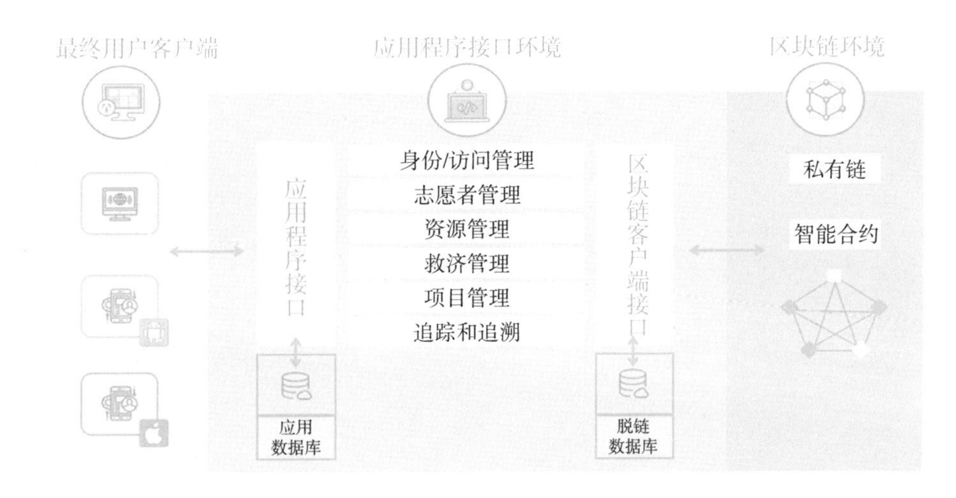

图 1-13 基于区块链的解决方案架构

使用 Hyperledger Fabric 的主要设计考虑因素是：

(1)成员的身份是在救灾工作中建立信任的关键因素。Fabric 平台为获得许可的会员资格提供正确的数据保护规定。

(2)交易的隐私和匿名性对于参与救援工作的一些利益相关者来说至关重要。同时，将这些信息提供给审计和合规审查也很重要。Fabric 支持在需要知道的基础上制作数据。

(3)不可变的分布式账本，允许所有利益相关者验证和共享供应的需求和库存、与受影响地区的接近程度以及端到端可见性的协调沟通。

(4)更快的开发周期，利用广泛的编程语言支持、成熟的工具集和为开源项目做出贡献的熟练资源社区。

3. 案例价值与成效

最小可行产品(MVP)试运行的亮点如下：

(1)可随时随地通过智能手机访问以记录帮助请求或任何相关通信。请注意现有的 MVP 不提供移动界面。

(2)成功登记参与救灾工作的所有利益相关者——包括救灾组织、志愿者、政府机构、医疗服务提供者和支持基础设施提供者(例如,运输、避难所和仓库)。请注意现有 MVP 的组织功能支持有限。

(3)将所有捐款成功记录在分类账上。

(4)核实和管理对受影响社区的援助。

(5)志愿者工作的成功协调。

(6)成功记录货物和救济服务的分配。

(7)成功交付透明度、隐私和跟踪和追踪功能。

(案例来源:京东,来源于网络)

第 2 章

CHAPTER 2

数字经济领域典型案例

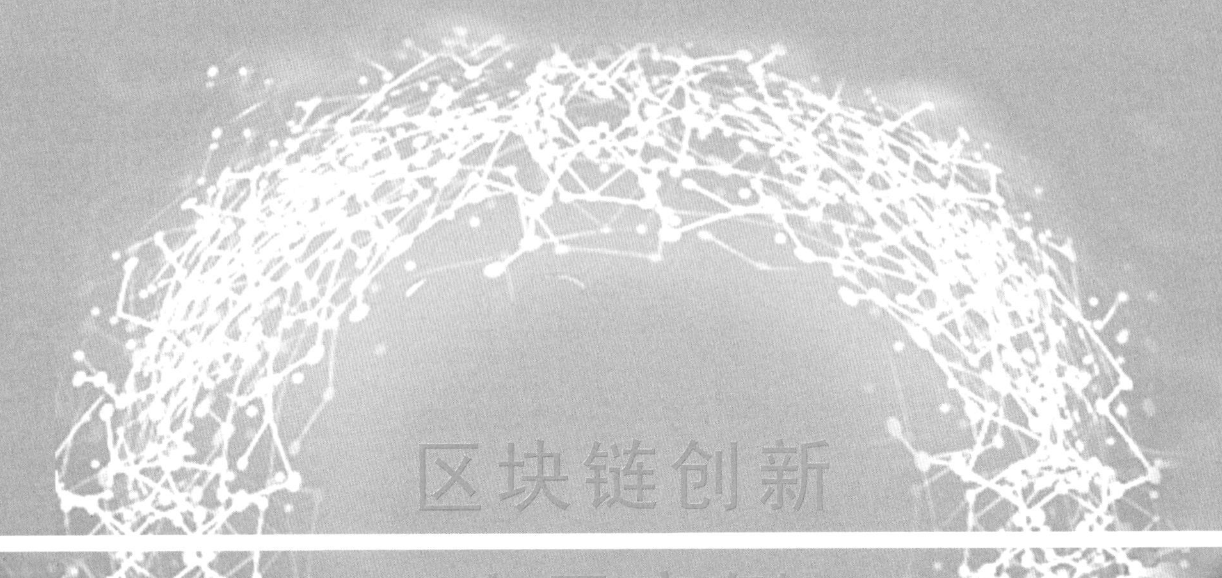

区块链创新应用案例

2.1 工业互联网

· 国内典型案例

【案例一】 中国工业互联网大数据中心

1. 案例背景及解决痛点

数据是继物质、能源之后的第三大基础性战略资源。2016年12月,国务院印发的《"十三五"国家信息化规划》中明确指出,优先开展数据资源共享开放行动。党的十九届四中全会首次明确数据的生产要素地位,同时2020年4月中央出台《关于构建更加完善的要素市场化配置体制机制的意见》,要求"依法合规开展数据交易"。

在推进数据资源开放共享交易的实践中,数据作为一种重要资产,其流通和应用必然涉及数据的所有和数据的可信交易。明晰数据的所有权,是大数据交易的前提和基础。数据的有效安全流通,是提升数据价值,发挥数据要素作用的根本保障。因此,数据可信交易,需要构建基于数据确权的数据交易体系,其关系到大数据产业的创新活力及大数据交易市场的繁荣。

2. 案例内容介绍

为实现数据可信交易,中国工业互联网研究院依托工业大数据中心,打造"数据确权+数据交易"的良好数据可信交易方式,建设了国家工业互联网大数据交易平台(简称交易平台),解决数据面临的流通难、共享难的问题,为工业企业解决想数据开放又怕资产流失的难题。

交易平台面向工业企业提供数据交易服务。工业企业可根据自身意愿在平台中发布可交易的数据,同时也可根据自身需求选购相关数据。交易平台通过集成标识解析系统和区块链系统,实现数据全生命周期管理以及数据可信交易。

交易平台首先利用标识解析系统对数据打标签并且利用区块链对其进行可信存储,并基于数据标签,进行数据分类,生成数据目录,最后将其上传到交易平台中。用户通过交易平台门户网站,可以根据数据目录选择所需数据,并通过数据标识查询数据存储地址,通过区块链智能合约体系生成账单进行数据交易与数据读取。区块链系统将对所有发布到交易平台的数据、数据标签、数据交易过程以及数据使用过程进行记录与存储。实现数据全生命周期的管理与记录,实现数据拥有者对数据全生命周期追溯与管理。

3. 案例价值与成效

交易平台是构建的支持数据全生命周期管理的工业数据交易平台，主要解决数据权属、数据交易存证、数据溯源等关键问题，是国家工业互联网大数据中心重要组成部分。交易平台打造了一个以市场为驱动的数据交易体系。利用区块链技术，有效实现数据确权、数据全生命周期管理、数据溯源以及数据可信交易。保证了数据拥有者对数据的权利，为数据需求者提供了数据流转的公平公开的有效渠道。有效解决了数据流转难与交易难的问题，促进了我国工业大数据流转体系的构建与形成。

目前交易平台处于内部测试阶段，有效地实现了中国工业互联网研究院各业务所以及各分院的数据发布与数据交易，利用代金券等形式进行内部使用，经测试系统能够满足各部门以及各分院之间数据流转的需求，同时实现了现有数据全生命周期的管理。

（案例来源：中国工业互联网研究院）

· 国外典型案例

【案例二】 三星、IBM 联合打造 ADEPT 平台

1. 案例背景及解决痛点

三星电子作为韩国最大的电子工业企业，为解决企业数据融通需求提出了区块链＋工业产品流通的解决方案。三星联合 IBM 利用区块链技术协议打造了去中心化的物联网 ADEPT。将区块链的概念应用到物联网。一个产品组装完成，生产商就可以把它注册进一个全局的区块链中，由此来表明一个产品的诞生。当这个产品售出去后，消费者可以把它再注册进一个局部性（如一座城市或州）的区块链里。未来对于任意一组普通家电，无须中央控制器在设备之间进行协调或调解即可实现保修检查、付款和通知等功能，打造一种新的微商服务模式。

当今的家电服务市场非常分散，服务提供商和消费者都无法在市场上实现最高水平的价值。ADEPT PoC 试图通过利用区块链的功能更好地连接服务市场的供需。每个启用 ADEPT 的设备都有关键信息，例如其设备 ID 和保修信息已注册到区块链中。设备还将自己的保修信息存储在本地对等列表中。除了检测即将发生的零件故障之外，自主洗衣机还能够在市场上自主订购维修更换零件。

2. 案例内容介绍

ADEPT 系统利用区块链协议来打造去中心化的物联网。ADEPT 的全称是

“Autonomous Decentralized Peer-to-Peer Telemetry”(去中心化的p2p自动遥测系统),它旨在为交易提供最优的安全保障。目前,选择了三种协议:BitTorrent(文件分享)、Ethereum(智能合约)和TeleHash(p2p信息发送系统),利用这三个协议来支撑ADEPT系统。

当今的家电服务市场非常分散,服务提供商和消费者都无法在市场上实现最高水平的价值。ADEPT PoC试图通过利用区块链的功能以更好地连接服务市场的供需。系统可以让物联网里的各种设备自动运转,从理论上讲,家电的运转出故障时它们可以自动发送信号、自动更新软件、管理自己的耗材供应、执行自助服务和维护。甚至设备本身可以通过ADEPT来与周边的设备“沟通”,从而提高能源的利用效率。

每个启用ADEPT的设备都有关键信息以及耗材等零售商信息,例如其设备ID、耗材、设备使用情况和保修信息已注册到区块链中。设备还将自己的保修信息存储在本地对等列表中。除了检测即将发生的零件故障、耗材使用情况之外,自主洗衣机还能够在市场上自主订购维修更换零件以及向零售商订购相关耗材。

同时,ADEPT通过改进可发现性、可用性和支付机制,可以实现设备之间更好的资源优化,将实物资产通常具有未使用的容量或资源进行优化调度,将冰箱、电视、洗衣机等上链设备的剩余计算能力、内存、带宽或能量加以利用,并结合用户数据对用户行为进行预判,提高能源的利用效率。ADEPT在耗材订购与使用的复杂场景中,零售商将能够根据价格、库存或交付性能对区块链进行投标,而消费者(电器本身)可以通过共识选择零售商。市场的这种去中心化为那些受到严格控制的行业带来经济机会。在设备自动请求并支付自己的维护电话的复杂场景中,服务提供商可以基于服务部件的库存、服务人员的利用率和接近度、服务质量和其他选择的变量在区块链上出价,消费者将能够选择服务协商一致的提供者。服务市场的这种去中心化应该会提高那些无法以最佳能力运营的行业的盈利能力。在家用电器协商用电量以降低成本场景中,结合业主与社区之间协作,整体提升能源使用率。

3. 案例价值与成效

三星旗下的“W9000型号”的洗衣机正式纳入ADEPT体系,利用智能合约,这个洗衣机将会自动向洗衣液零售商发送订购单,并且还能自动向零售商支付账单。未来,在ADEPT系统中,当数十亿个设备自动交互信息时,区块链将发挥分类账簿的作用。在ADEPT中植入区块链协议,就可以大大降低ADEPT作为设备间的沟通桥梁时的成本。

目前,区块链在工业互联网与智能制造领域的应用,仍处于起步探索期。三星、IBM 与区块链协议构成的 ADEPT 系统,以区块链+工业产品流通为主要应用场景,从耗材采购、维修以及能效管理等三个案例,探索了区块链在工业领域的应用模式,目前应用成效仍需进一步观察,需在 W9000 洗衣机大量投入市场后,对三个场景应用成效进行分析。总体来说,由于区块链上链成本高、工业制造场景复杂等客观原因,区块链与工业互联网与智能制造的深度结合,仍处于起步探索期。

(案例来源:中国工业互联网研究院,来源于网络)

2.2 能源电力

· 国内典型案例

【案例三】 基于"国网链"的电力交易应用

1.案例背景及解决痛点

2019 年 5 月,国家发展改革委、国家能源局印发《关于建立健全可再生能源电力消纳保障机制的通知》(发改能源〔2019〕807 号),2020 年起,按年度向各省下达电力消费应达到的可再生能源电量比重,由售电类、用电类主体承担消纳责任。采用"实际物理量+超额消纳量交易+自愿绿证交易"方式对消纳量进行核算。各电力交易机构负责承担消纳责任主体的消纳量账户设立、消纳量核算及转让交易、消纳量监测统计工作。按照《国家发展改革委、国家能源局关于印发各省级行政区域 2020 年可再生能源电力消纳责任权重的通知》(发改能源〔2020〕767 号)要求,2021 年年初要开展首次超额消纳量交易,并对 2020 年消纳完成情况进行考核。

按照《国家发展改革委 国家能源局关于建立健全可再生能源电力消纳保障机制的通知》要求,结合现有场景分析如下痛点:一是多方互信,可再生能源消纳责任权重业务涉及国家电网、南方电网、蒙西电网,及其所辖范围内售电企业、电力用户、自备电厂等各方主体,消纳完成情况接受考核,相关核算统计工作需要具备强大公信力。二是点对点可信交易,超额消纳凭证交易具有金融属性,无电网安全约束,数十万责任主体自主交易,需要透明可信、灵活自主,为市场主体提供便捷可靠的参与体验。三是追踪溯源,可再生能源消纳量分配以及转让交易,需要实现可溯源,增强消纳记账的严肃性和可信度,也可在市场初期防止凭证多次交易套利。四是监测监管，国家发改委、国家能源局、地方政府需要动态监测消纳责任完成情况，市场监管机构也需要对超额消纳凭证交易开展常态化监管。

2. 案例内容介绍

依据国家政策要求，按照“统一设计、安全可靠、配置灵活、智能高效”的原则，建设面向电力能源金融化交易的多业务融合、全模型体系基于区块链的可再生能源超额消纳凭证交易系统，为构建支付结算一体化的电力市场运营体系提供技术支撑，实现多渠道的市场交易服务、全方位的消纳责任管理。重点考虑凭证交易多方参与、数字产权、全程溯源的业务特色，结合区块链共识互信、弱中心化、存证溯源、不可篡改等技术特性，打造区块链技术在能源交易领域的示范应用，提升市场效率、提高服务水平，支撑可再生能源通过参与市场交易实现充分消纳，提升可再生能源消纳和利用的总体水平。

在基础架构建设方面，牵头建成国网能源区块链公共服务平台“国网链”，平台采用“一主两侧 N 从”的架构模式，即一条主链，两条侧链（交易侧链与数据侧链），N 个业务从链（见图 2-1）。国网能源区块链公共服务平台主要针对存证鉴定类、交易管理类和数据服务类三类业务，全面支撑国家电网公司业务应用，深化区块链技术应用，创新区块链多方协同监管模式，探索电力交易、共享储能、能源计量等面向多领域服务模式，形成可复制可推广的区块链专项技术解决方案，推动区块链生态圈建设。

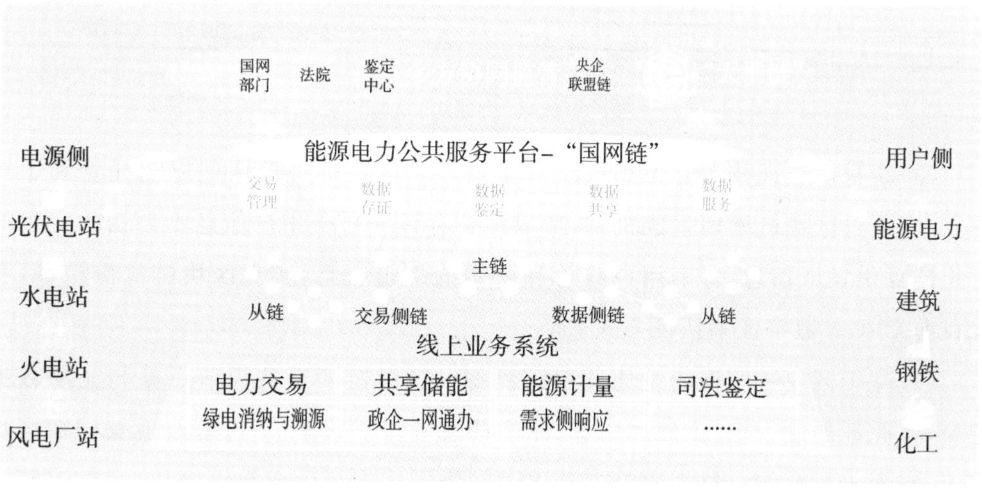

图 2-1 “一主两侧 N 从”的“国网链”架构模式

在电力交易应用方面，利用区块链技术透明监管、不可篡改、可靠数据库等特性，实现消纳账户管理、凭证核发、凭证交易、交易记账等核心业务上链运行，兼顾可再生能源消纳发展趋势，逐步建设、完善国网链功能体系，支撑业务系统向多种交易模式、多类型用户应用、多种能源交互模式发展。

主要系统功能如下：

（1）基于区块链智能合约实现交易链上运作。采用智能合约技术，实现区块链与业务系统深度融合与高效协同，凭证交易申报、确认、出清等环节全部链上运行，利用区块链的高效共识广播，实现点对点信任交易。基于大票发行原则优化票据查找、拆分、组合、签名策略，实现凭证高效签发和流转，减少恶意攻击和偶然异常。整体交易过程安全、透明、可信，可实现全天候的自动化和智能化交易组织和交割结算，杜绝了人工干预，提升业务运作效率。

（2）消纳凭证链上发行提升数字资产权威性。消纳凭证发行由高可信权威节点共同背书，所有参与者共同鉴证，在链上共识后生成数字化的超额消纳凭证，打破了原有的复式记账模式，保证数据的不可篡改、不可伪造性，大幅度提升凭证的权威性，为开展全国范围可再生能源消纳凭证交易奠定坚实基础（见图2-2）。

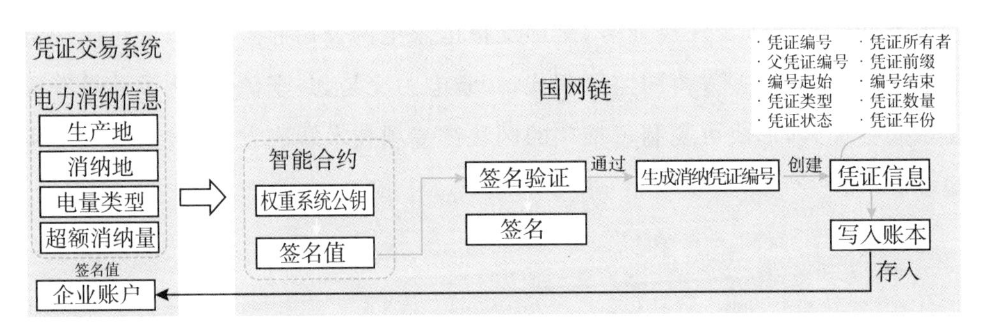

图 2-2　区块链凭证发行流程图

（3）新身份认证技术为市场成员降本增效。区块链身份认证以钥托管和手机盾方式，通过区块链密钥生成机制，形成包含存证编号＋用户信息＋公钥的完整的区块链身份凭证信息，背书用户身份和公钥的绑定关系，实现区块链身份认证，替代目前 CFCA 数字证书认证方式。

（4）基于区块链实现消纳凭证追踪溯源。区块链所有共识节点参与交易数据记录，将凭证的发行信息、流通信息、派生信息等特征数据，不可篡改地登记在区块链上，实现永久存储。每笔交易记录以时间戳形式连接生成数据区块，完整追踪记录交易信息的流转链条，解决了信息孤岛、信息流转不畅、缺乏互信等问题，实现对凭证全生命周期的追溯（见图 2-3）。

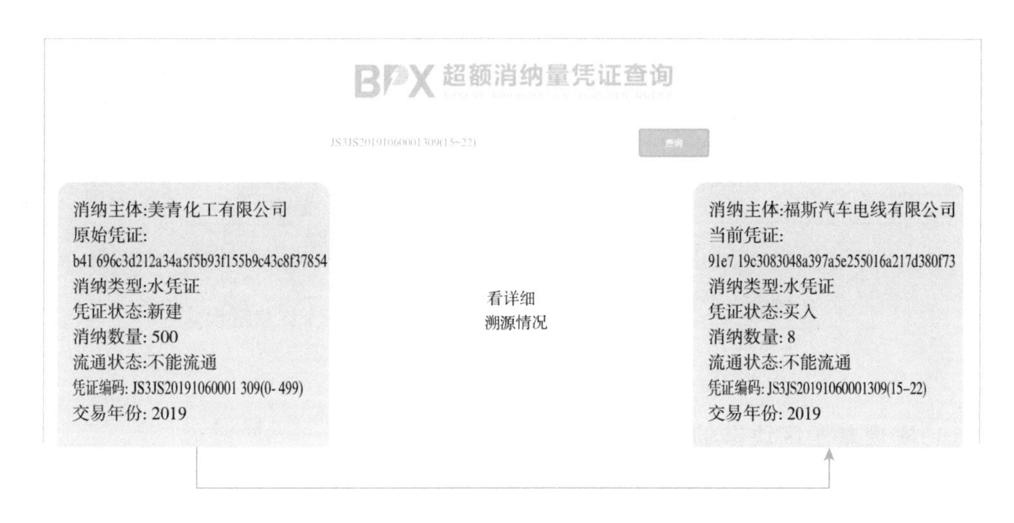

图 2-3　可再生能源消纳凭证溯源查询界面

3.案例价值与成效

可再生能源消纳凭证交易是北京电力交易中心首个金融交易产品，其可溯源、不可篡改等要求与区块链技术特征高度契合，是一个可以深度应用区块链技术的典型场景，在可再生能源超额消纳凭证交易系统首次实现区块链深度应用。一是应用区块链智能合约首次实现链上交易，研发双边、挂牌交易智能合约，可再生能源消纳凭证交易申报、出清全部通过调用智能合约完成，实现全业务链上运作，保障交易透明、可信、高效。二是应用区块链电子签名权威核发消纳凭证，保证数据不可伪造或篡改，凭证包含电量原产地、消纳地、消纳主体、消纳时间、消纳电量等信息，实现可再生能源电力消纳全生命周期溯源管理。三是应用区块链身份认证节约市场认证成本，通过区块链密钥生成机制，背书市场主体身份和公钥的绑定关系，替代现有的第三方数字证书认证方式，登录更便捷，同时大幅节约认证成本。四是应用区块链数据确权实现可信计量认证，将地方电网、自备电厂等市场主体可再生能源消纳电量、用电量等数据上链，实现数据确权共享，保障消纳量监测统计工作全覆盖。图 2-4 给出了传统模式与基于区块链模式的对比。

国网链经过不断优化和提升，已建成覆盖 20 多个省级电力公司、支撑 70 余类应用的区块链服务平台，完成超 1 亿条数据上链，助力企业融资 17.41 亿元，服务中小企业 1200 余家，提高业务办理效率 80%，为全面推动能源区块链电力交易奠定扎实基础。

基于国网链建设的电力交易可信体系，进一步促进交易的信任传导、监管透明，实现数据确权共享，保障消纳量监测统计工作全覆盖。

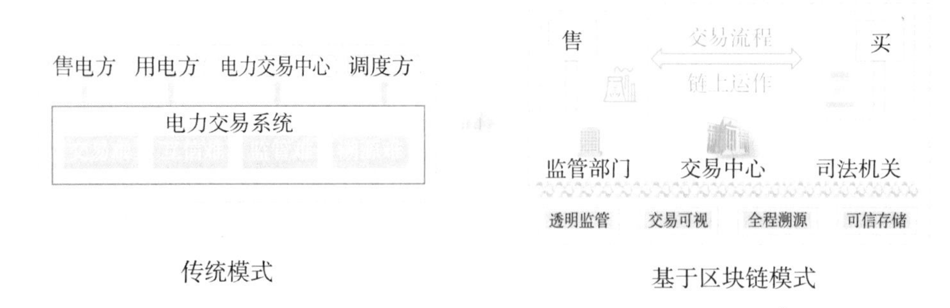

图 2-4 模式对比

(1)实现基于区块链的超额消纳凭证交易

基于国网链发布可再生能源超额凭证,已有 10 个省份参与省间可再生能源电力超额消纳量交易,成功达成超额消纳凭证转让结果 245.5 万个。

(2)应用区块链的身份认证,降低运营成本

基于国网链,每年可为 17 万的交易主体身份凭证及近 2 亿的超额消纳凭证签发,降低市场接入成本上亿元。

(3)基于智能合约实现链上交易

将区块链凭证大票拆分优化算法写入智能合约,实现链上核发消纳凭证、多方式交易凭证,实现透明交易和可信监管。

(案例来源:国家电网)

【案例四】 基于"国网链"的绿电消纳与溯源应用

1.案例背景及解决痛点

2020 年 9 月 22 日,国家主席习近平在第七十五届联合国大会上,中国将提高国家自主贡献力度,采取更加有力的政策和措施,二氧化碳排放力争于 2030 年前达到峰值,努力争取 2060 年前实现碳中和。[①] 国家电网有限公司认真贯彻党中央决策部署,组织开展深入研究,制定"碳达峰、碳中和"国家电网行动方案,明确六个方面 18 项重要举措,积极践行新发展理念,全力服务清洁能源发展,加快推进能源生产和消费革命。其中明确提出加快电网向能源互联网升级,加强"大云物移智链"等技术在能源电力领域的融合创新和应用,促进各类能源互通互济,源网荷储协调互动,支撑新能源发电、多元化储能、新型负荷大规模友好接入,促进清洁能源消纳。国家电网有限公司积极开展基于区块链的绿电消纳与溯源探索与研究,探

①习近平在第七十五届联合国大会一般性辩论上的讲话[EB/OL].(2020-9-22)[2022-11-12]. http://www.cppcc.gov.cn/zxww/2020/09/23/ARTI1600819264410115.shtml

索北京冬奥绿电溯源及电动汽车绿电消纳与溯源两大具体场景，落实习近平总书记绿色办奥要求，为我国政府对冬奥场馆 100％绿电供应的庄严承诺提供可信证明，使北京冬奥会成为展现我国绿色发展理念的重要平台和窗口。带动电力交通领域行业性减碳，推动新能源车充新能源电，真正实现“绿色出行”，助力“碳达峰、碳中和”及经济低碳发展和高质量发展目标的实现。

2. 案例内容介绍

（1）建设思路。基于区块链技术打造包含绿电生产—交易—输配—消费各环节参与的行业性/地域性终端用电联盟，实现绿电生产、交易、消纳全过程等信息上链，建立安全共识、互信高效的绿电交易通道与绿电溯源机制（见图 2-5）。并在北京冬奥和电动汽车两个具体领域开展绿电消纳与溯源试点应用。深化清洁能源消纳，助力“碳达峰、碳中和”目标实现。

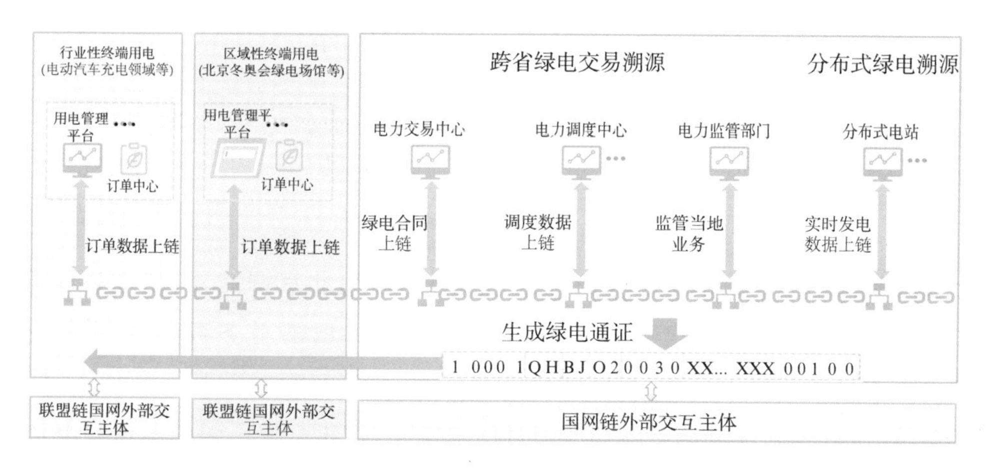

图 2-5 绿电消纳与溯源应用总体架构

在北京区域，构建区块链智能合约模型验证冬奥场馆 100％使用绿电，助力我国政府为冬奥场馆 100％绿电供应的庄严承诺提供可信证明。

在电动汽车行业，为用户提供所充绿电溯源证明，并将绿电红利与运营商和电动汽车用户共享，带动电力交通领域行业性减碳，推动新能源车充新能源电，真正实现“绿色出行”。

（2）北京冬奥绿电溯源应用场景。

①场景描述。为实现 2022 年冬奥绿电 100％覆盖，北京冬奥场馆用户在北京电力交易中心及首都电力交易中心通过市场化直购电的方式与可再生能源电厂签订购电合同，并通过冬奥专项配电网工程为冬奥场馆输送绿电。以此为基础，通过区块链技术对冬奥绿电生产—传输—交易—消纳全过程开展溯源研究及应用（见图2-6）。

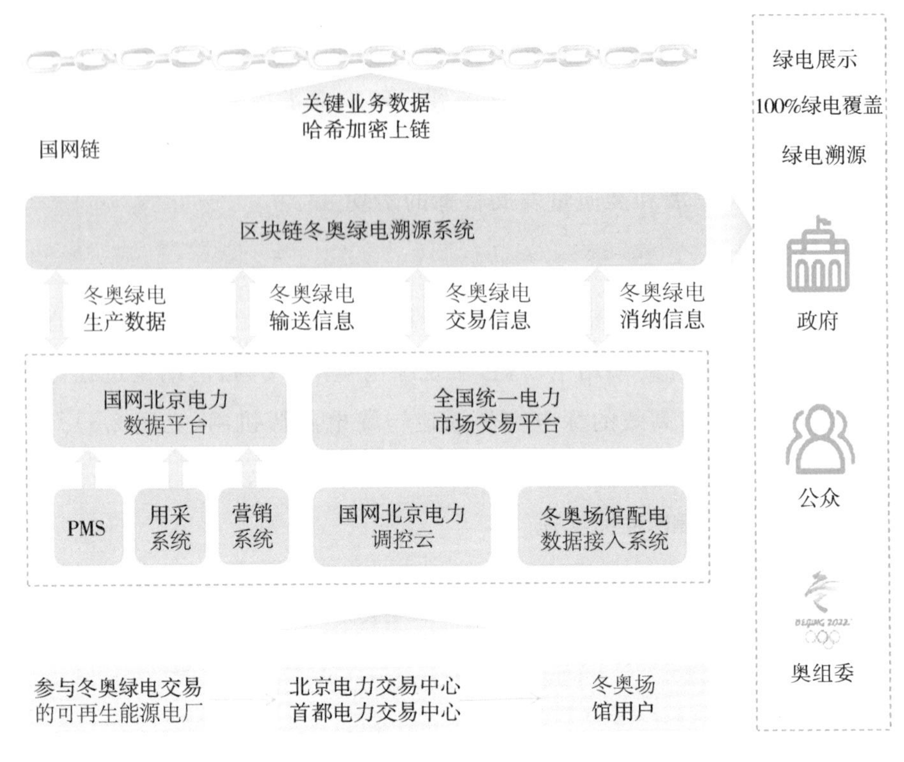

图 2-6　北京冬奥绿电溯源场景

通过集成用电信息采集系统、营销业务应用系统、北京调控云、冀北电力调度系统、一体双核、全国统一电力市场交易平台、PMS、GIS 等业务系统，获取冬奥绿电全流程关键环节原始信息，并以区块链多方共识、不可篡改等技术特性为基础，依托国网链，有效确保全链条各环节信息的真实性，构建可信追溯的冬奥绿电信息体系，实现冬奥绿电来源、绿电结构、绿电传输、绿电使用等溯源信息的可信、实时、多维度可视化展示。在此基础上实时计算比对参与冬奥绿电交易的可再生能源电厂发电、交易及冬奥场馆及配套设施用电等数据，证明可再生能源电厂发电量及交易电量完全满足冬奥场馆及配套设施实际用电量，为北京 2022 年冬奥会、冬残奥会 100％使用清洁能源供电提供可信数据支撑，从而实现基于区块链的冬奥绿电可信溯源。

②绿电证明智能合约应用。由于电力产品的特殊属性，常规意义上的物品追溯不适用本场景。本机制通过完成冬奥绿电在“生产、传输、交易结算、消纳”等全流程业务数据梳理，以区块链技术为支撑，实现冬奥绿电业务数据不可篡改。同时，在此基础上，抽取发电、交易结算、消纳等环节的关键数据进行多重比对，证明北京地区冬奥场馆 100％使用绿电(见图 2-7)。

基础设施层面：由北京、延庆、张家口 3 个赛区的 25 项超 110 千伏级冬奥会配

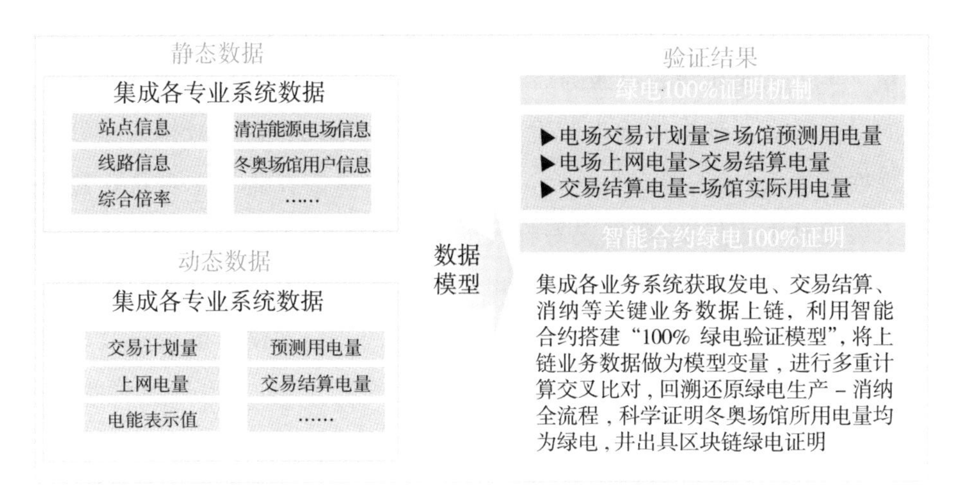

图 2-7　绿电智能合约证明逻辑

套电网工程、场馆 10 千伏配套电网工程，以及张北可再生能源柔性直流电网示范工程提供绿电基础设施稳定输送保障。

业务层面：集成各业务系统获取发电、交易结算、用电环节等全链条数据上链，利用智能合约搭建“100％绿电验证模型”，以上链业务数据为模型变量，基于分钟级时间区间，进行多重交叉比对，回溯还原绿电生产-消纳全流程，证明冬奥场馆所用电量均为绿电。

技术层面：使用电子签名、可信时间戳、哈希值校验等技术实现上链数据不可篡改与可信存证，并利用智能合约出具“绿电区块链存证证书”，保证冬奥绿电溯源系统中所记录与可视化展示的冬奥场馆绿电使用数据的真实可信，进一步提高可信度及用户获得感。

(3)电动汽车绿电消纳与溯源应用。

①场景描述。本场景同样对电动汽车绿电全环节数据上链，并进行分钟级建模比对，即对 15 分钟的区间内，新能源场站发电数据、绿电交易数据以及用户充电数据进行匹配，为用户提供所充绿电溯源证明，探索与碳交易的结合，并将绿电和碳交易红利与运营商和电动汽车用户共享，带动电力交通领域行业性减碳，推动新能源车充新能源电，真正实现“绿色出行”。电动汽车绿电消纳与溯源业务场景见图 2-8。

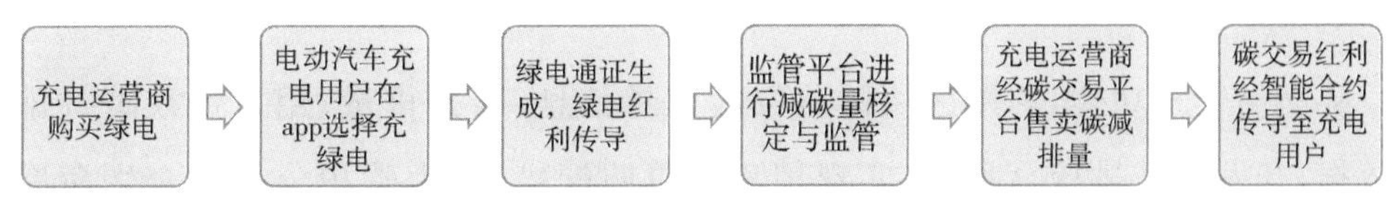

图 2-8　电动汽车绿电消纳与溯源业务场景

具体来说，充电运营商通过电力交易中心或直接面向电厂购买绿电，形成绿电电量库存。车主完成充绿色电服务后，区块链平台根据智能合约，生成车主充电行为对应的绿电通证。碳排放核查监管平台基于绿电通证，在碳减排量核算、核查、资金合规性评估后，接入碳交易平台。定期将碳减排核查监管平台认定签发的减碳量输入碳交易中心售卖，所得交易收入按照智能合约约定，在链内主体间完成红利传导。除应用于“新能源车充新能源电”外，区块链技术还可有效服务政府行业监管。通过推动充电运营商的设施建设运营数据上链，支撑充电设施政府监管平台从链上获取数据，利用区块链技术防篡改、可追溯特性，提升政府监管效率，服务城市精细化管理与精准规划布局。

②建设功能。将区块链技术应用在智慧车联网平台，开发绿电溯源管理功能、碳交易管理功能、e充电用户交互功能等功能。具体功能内容如下。

绿电溯源管理功能：利用区块链获取绿电交易信息、调度曲线信息，开发新能源特征曲线算法，实现用户订单匹配机制，为绿电通证提供全生命周期的维护服务。主要功能包括绿电合同管理、绿电调度管理、绿电库存管理、绿电订单匹配管理、绿电通证管理等功能。同时，为e充电APP提供展示链上绿电通证、区块链查验绿电通证等服务（见图2-9）。

图2-9　跨省绿电通证

碳交易管理功能：利用区块链获取碳交易信息、碳减排量、用户授权碳减排量等数据，开发碳减排核算算法，实现用户订单匹配机制，为碳积分提供全生命周期的维护服务。主要功能包括碳减排授权合同管理、碳减排库存管理、碳减排积分兑换订单匹配管理、碳积分管理等功能。同时，为e充电APP提供展示链上碳积分、碳减排量等服务。

e充电APP充电用户交互功能：为增加用户的参与感和体验，基于e充电APP3.0上为充电用户提供线上绿电选择、通证管理、充电报告、碳减排量、碳积分兑换等功能。开发绿电充电溯源模块和碳积分授权兑换功能，提供绿电配置及使用偏要设置。通过与国网链、绿电溯源、碳交易管理等系统交互，实现用户充电订单的溯源，碳减排量核算、碳积分福利授权等，同时通过区块链接口为用户提供绿电通证的查询、碳积分查询，并定期生成绿电充电报告、碳减排量报告，提升用户的参与感与荣誉感。

3.案例价值与成效

(1)构建绿电生产—交易—输配—消费全环节多元参与的用电联盟，建立安全共识、互信高效的绿电交易通道与绿电溯源机制，实现绿电溯源、绿电消纳、碳交易等业务安全、透明、高效可信。

(2)利用区块链智能合约模型验证冬奥场馆100%使用绿电，助力我国政府为冬奥场馆100%绿电供应的庄严承诺提供可信证明。为电动用户提供所充绿电溯源证明，并将绿电红利与运营商和电动汽车用户共享，带动电力交通领域行业性减碳，推动新能源车充新能源电，真正实现“绿色出行”。

(3)基于北京冬奥绿电和新能源车绿电场景的实际应用，为后续进一步开展相关应用探索，全方位助力“碳达峰、碳中和”及经济低碳发展和高质量发展目标的实现奠定基础。

（案例来源：国家电网）

【案例五】　基于“国网链”的共享储能市场化交易应用

1.案例背景及解决痛点

为响应国家大力发展“新能源＋储能产业”政策号召，国家电网有限公司积极发挥国企担当作用，以青海为试点开展共享储能应用探索。近年来青海新能源产业发展迅猛，青海电网新能源装机容量2444.73万千瓦，占全省电源总装机的60.74%，是全国新能源装机占比最高的省份。随着青海两个千万千瓦级可再生能源基地建设的全面推进，对输送通道和电网调峰能力提出新要求，迫切需要通过技术手段和市场化机制创新破解消纳难题。通过开展基于区块链技术的储能辅助服务市场化运营管理探索研究和应用，青海电力基于区块链技术建成了融通调峰辅助服务、调度控制和交易系统的新型平台，保障储能辅助服务交易管理的公平性和科学性，激发储能电站及储能设施参与调峰辅助服务的积极性，促进风电、光伏等新能源消纳发挥积极的作用。

2.案例内容介绍

共享储能市场化交易平台主要建成包含基于区块链技术的融通调峰辅助服务系统、调度控制系统和交易系统，保障储能辅助服务交易管理的公平性和科学性，激发储能电站及储能设施参与调峰辅助服务的积极性，促进风电、光伏等新能源消纳发挥积极的作用；将电源侧储能、用户侧储能和电网侧储能资源进行全网优化配置，可为电源、用户提供服务，也可以灵活调整运营模式实现全网共享储能。通过"源网储"实时联合调度控制，提升电网调峰能力，促进资源优化配置，全面释放源网荷各端储能能力。

系统功能方面，共享储能市场化交易平台整合源、网、荷三侧的储能资源，以电网为枢纽进行全网优化配置共享储能，创新两大运营模式设计，构建三大技术平台支撑，共同确保交易安全、精准执行。

三大技术平台支撑：辅助服务交易、调控及国网链平台，共同确保交易安全、精准执行。交易平台运用区块链技术构筑能源公平交易与安全管控模式，调控平台根据交易平台的出清结果实现储能和新能源点对点精准功率及电量交易控制，依托国网链从链实现交易数据的安全可靠存证(见图 2-10)。

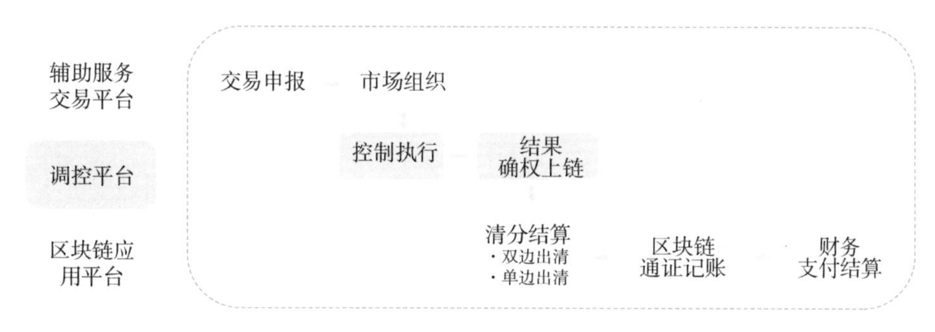

图 2-10　共享储能业务流程

两大运营模式：市场化交易、电网直接调用(见图 2-11)。

市场化交易：新能源和储能通过双边协商或市场竞价形式，达成包含交易时段、交易电力、电量及交易价格等交易意向。如某新能源批复电价为 1.07 元/度，双方约定，储能按0.72元/度帮助其存储原本弃掉的电，新能源还可获得 0.34 元/度电，在降低弃风弃光的同时，双方共同获利。

电网直接调用：市当市场化交易未达成且条件允许时，电网直接对储能进行调用，在电网有接纳空间时释放，以增发新能源电量，如按 0.7 元/度支付储能，该费

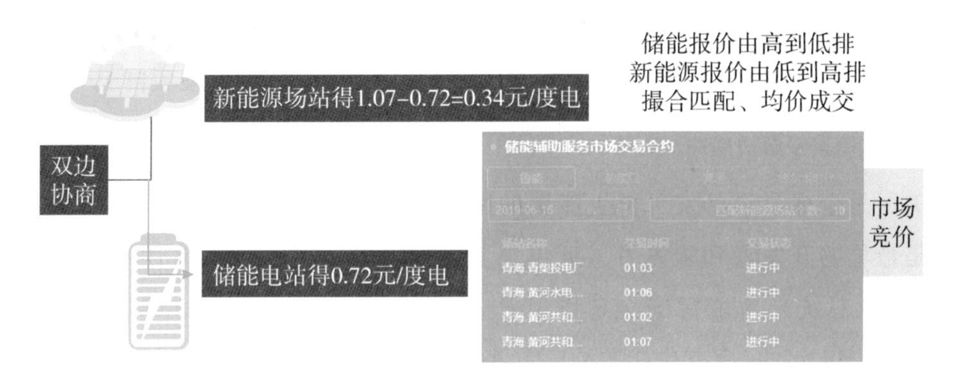

图 2-11　共享储能市场化交易模式

用由新能源分摊(见图 2-12)。

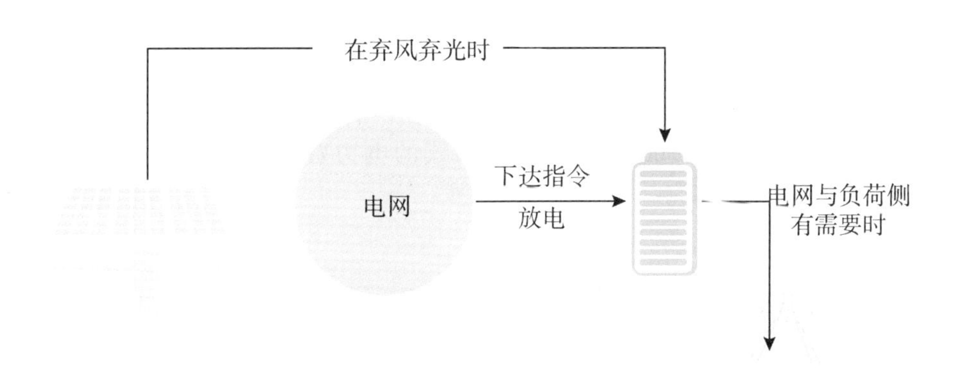

图 2-12　共享储能电网直接调用模式

3. 案例价值与成效

在解决行业痛点方面:基于区块链技术的共享储能应用,一方面,可缓解弃风弃光,促进清洁能源转型。产品创新整合各类储能资源,共同解决弃风弃光行业痛点,推动新能源规模化发展。另一方面,建立共享储能新业态,赋能相关方,对未来新能源和储能发展有引领示范意义。

在促进区块链产业发展方面:将新能源受阻电力、电量与储能系统接收电力、电量通过信息技术采集过程、电力交易过程记录在区块链上,实现交易环节合约执行、调度环节可信溯源、结算环节安全透明,提高共享储能业务执行效率。

截至目前,引导青海 300 余座新能源场站参与储能辅助服务市场交易,累计成交 2200 余笔,充电约 5300 万千瓦时,放电约 4200 万千瓦时,获得补偿费用近 3000 万元,新能源增发电量约 5500 万千瓦时,实现多方共生共赢,缓解了电网调峰压力,有效促进了新能源消纳。

(案例来源:国家电网)

· 国外典型案例

【案例六】 美国 LO3 能源公司区块链分布式能源管理项目

1. 案例背景及解决痛点

美国是全球最早开发可再生能源的国家之一，且几乎在所有的可再生能源领域都是最早的开发者和领先者。近年来美国政府颁布了大量战略性的能源政策，2011 年的《总统未来能源安全蓝图》(*President's Blueprint for a Secure Energy Future*)，2014 年的《全方位能源战略》(*All of the Above Energy Strategy*)引导美国经济减少对化石能源的依赖并向更为独立的可持续能源系统发展，增大能源基础设施、可再生能源和能源效率方面的建设和应用。

区块链在美国能源行业的应用主要是通过与当地电力公司或电力零售公司的合作，对由光伏组成的微电网中的交易进行可再生能源证书交易和能源交换的追踪，推动可再生能源的利用。LO3 能源公司与绿山电力公司合作的绿色佛蒙特分布式能源管理项目，就是通过汇聚当地分布式的电力资源，建立交易系统，促进可再生能源的管理。

2. 案例内容介绍

LO3 能源公司是在美国纽约布鲁克林地区成立的一家区块链技术开发公司，业务方向是利用区块链技术和智能合约打造去中心化的能源交易平台，提供数据分析、智能电网管理、投资交易决策建议等服务，旨在创建基于社区的能源发电和消费市场，并重塑能源的未来。该公司在美国、澳大利亚、德国、英国等地部署了多个项目，并在日本、丹麦、哥伦比亚等地进行项目拓展，与多家世界领先的能源服务提供商进行了合作。

通过多个项目的实践，LO3 能源公司意识到在美国很难实现纯粹的点对点的能源交易网络。一方面，客户很难独立于既有的配电网络进行能量交易；另一方面，个体之间直接进行交易在监管上存在难度，相关法律和监管政策的建立非常困难。与当地电力公司(或电力零售商)合作，为其提供分布式能源的管理和交易方案更易为市场所接受。为此，该公司已将发展方向转为建立一个本地的区域交易市场，为当地电力公司(或电力零售商)提供一个分布式能源交易解决方案。

根据市场情况，LO3 能源公司开发了名为“Pando”的市场交易软件。其概念模型见图 2-13。

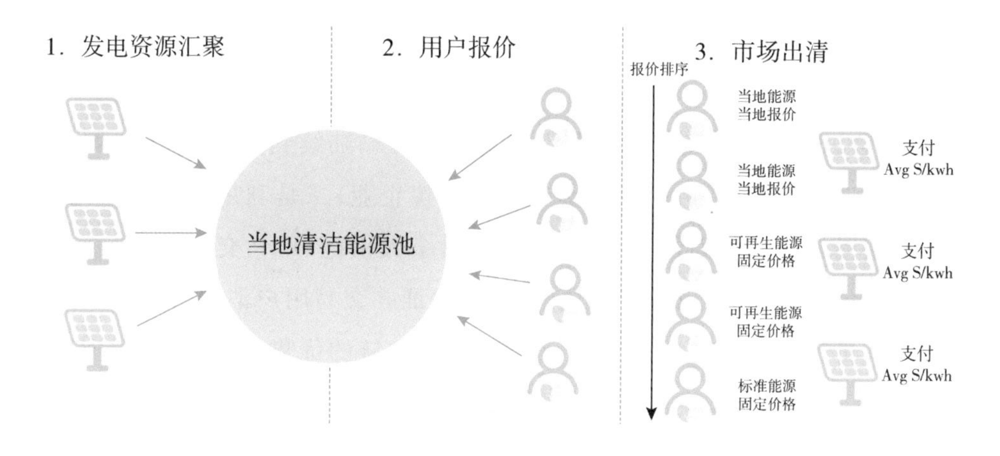

图 2-13 Pando 软件概念模型

在该概念模型下，Pando 软件把当地发电资源信息进行汇总，并为用户提供报价手段，形成一个小型的当地区域市场。在市场出清时，报价高的用户优先按其报价获得相应的电能，在所有当地能源出清完毕后，按照当地电力公司（或电力零售商）提供的可再生能源价格进行消费，最后使用其他常规能源。所有当地能源消费结算完毕后按相同的单位价格均分给所有参与的发电资源。用户参与报价的前提是他们均选择了同一电力公司（或电力零售商）的相同电力产品。

基于上述概念模型，LO3 能源公司与美国佛蒙特州的绿山电力公司（Green Mountain Power）签订一项新的试点项目，即绿色佛蒙特项目（Vermont Green）。LO3 公司将为绿山电力公司提供一套软件系统，用于实现当地分布式可再生能源证书的交易，帮助当地安装了屋顶光伏的客户和使用可再生能源的当地公司进行证书交易。其中，绿山电力公司是佛蒙特州集发输配为一体的电力公司，为大约 30 万用户提供电力服务。该州州政府提出了到 2050 年可再生能源发电比例达到 90%，比 1990 年的温室气体排放量减少 80%～95%，基于区块链的可再生能源交易能够吸引更多用户参与到交易中来，以可信方式助力州政府对可再生能源进行管理。

3. 案例价值与成效

美国 LO3 能源公司与绿山电力公司合作的区块链分布式能源管理项目，首先能够帮助地方电力公司建立本地市场，吸引分布式能源客户参与到较大规模的交易体系中，减少客户以离网方式进行建设和运行的比例；其次，对于安装了屋顶光伏等分布式能源的客户，可以获得一种新的资金回报渠道；最后，可以帮助绿山电力公司对可再生能源证书进行管理和计量，推动本州可再生能源配额目标的实现。

（案例来源：国家电网，来源于网络）

【案例七】 日本可再生能源认证与交易体系

1. 案例背景及解决痛点

2019 年 11 月开始，日本家庭光伏 FIT 制度补贴陆续到期，家庭光伏剩余电力将面临三种选择：一是以市场价格卖给电力零售企业；二是利用家用蓄电池、热泵热水器等手段家庭自我消化；三是通过个人对个人供电（P2P 交易）出售给其他用户。在第二种情况下，可以活用区块链技术，验证并交易用户消费自家可再生能源产生的环境价值。在第三种情况下，可以发挥区块链的优势，提供顾客管理和交易撮合等服务。为此，日本电力行业在区块链技术上展开了研发，并在日本国内及国际上展开了可再生能源认证及交易的应用与实践。

2. 案例内容介绍

日本借鉴其他国家经验以 FIT 电力为基础发行非化石电力证书，开设了具有非化石价值的交易市场，设计可再生能源认证机交易体系，推出了体现零碳价值、绿色价值的环境价值证书（J-Credit）。J-Credit 是日本国内能源用户通过引进节能或可再生能源项目实现温室气体减排，或利用植树造林等项目增加碳吸收等活动获得的信用额度，该信用额度可用于企业参与各类碳排放补偿活动。

在此基础上，日本能源电力企业结合区块链技术，通过分布式可再生能源登记认证、区块链电力交易和数字电网建设，来支撑可再生能源的管理、交易、流转等。

（1）可再生能源登记认证。日本科技初创企业数字电网公司利用区块链技术，开发了一种自家消费型可再生能源环境价值的认证方法，通过在客户的光伏电池板及入口电表上安装一种可计量发、用电量等数据的区块链设备，自动将客户自家消费的可再生能源记录到区块链中，并形成报表用于日本环境价值证书（J-Credit）的申报。

该方法可以汇总分布于多地的可再生能源环境价值，发挥区块链数据真实性的优势，统一向日本环境价值证书审查机构登记，获取认可，从而大大简化参与成员企业获取 J-credit 的手续。

（2）区块链电力交易“大家的电力”。日本新电力公司“大家的电力”针对 FIT 补贴陆续到期的状况，提出了“可见面的点对点电力交易”计划，并与区块链初创企业 Aerial Lab Industries 合作开发利用区块链的配电平台“ENECTION2.0”。该平台于 2019 年 11 月 1 日开始试运行，它允许个人选择购买所喜爱的公司或家庭发出的绿色电力。

在“ENECTION2.0”系统中，每个用户及发电商都需要注册登记，用户与发电商在系统交易平台上报价,用户可以优先选择喜好的发电商。系统每 30 分钟匹配一次可供交易的发电量和需求量,交易结果利用区块链记录,通过电力令牌(PTk)追溯电力流向。每个用户可以通过自身的网页,方便地看到自己电力买卖的对手方及交易量(见图 2-14)。

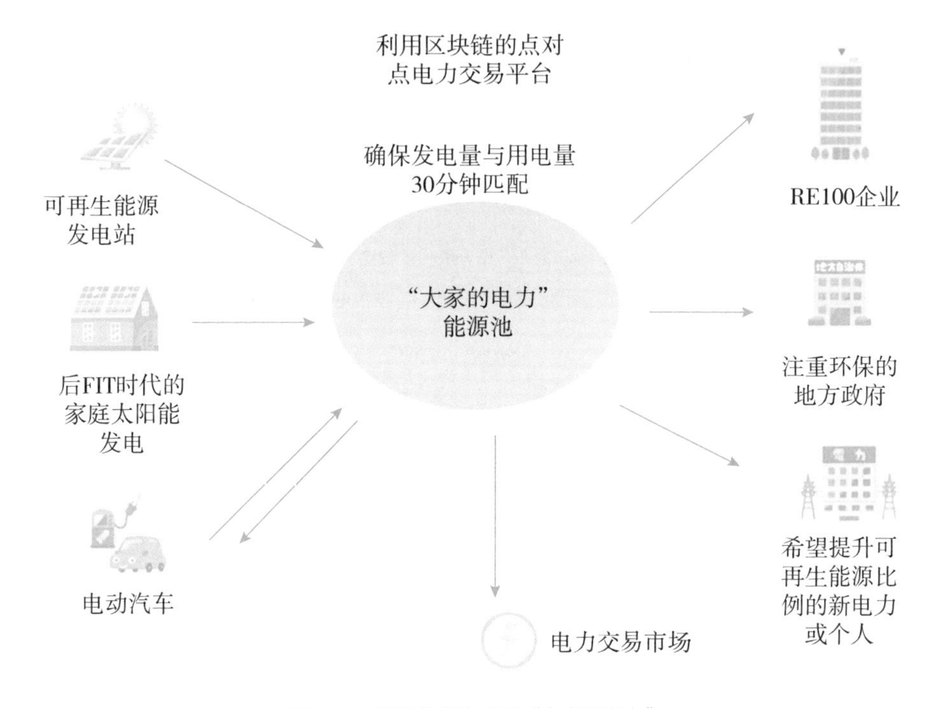

图 2-14　区块链电力交易"大家的电力"

"ENECTION 2.0"系统目前有三大作用:一是给电力标明其生产者,而赋予其新的价值;二是通过点对点交易,促进可再生能源的就近吸纳;三是可以利用此系统开展电源众筹,以电力或售电收入为回报。

"大家的电力"采用新经币(NEM)的公共链为基础来实现此系统,通过"马赛克"函数发行令牌。基于此系统,用户可以通过购电,与喜好的某人或某机构建立联系,从而创建一种用电与社交相结合的新文化。

(3)区块链数字电网。2017 年至 2019 年,在日本环境省资助下,日本数字电网公司、东京大学、日立 IE System 公司、立山化学工业、Tessera 科技、系统开发公司 USD、东京电力、关西电力、NTT DATA 信息技术公司等联合在琦玉市浦和美园的智能街区展开了关于数字电网的应用实践。

该实践在购物中心永旺梦乐城(Aeon Mall)的 60 千瓦光伏发电设施、智能街区内的 5 户住宅的光伏发电和蓄电池以及永旺旗下的 5 家便利店之间搭建了基于区块链的电力市场,开展了主动干预流向的电力交易试验(见图 2-15)。

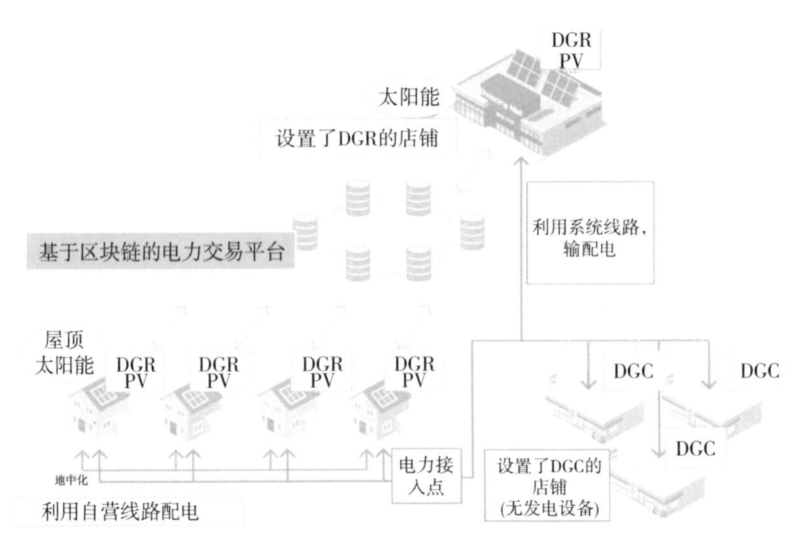

图 2-15　区块链数字电网应用

3. 案例价值与成效

区块链在日本能源行业的应用主要使用在三个方面，区块链技术验证可再生能源产生的环境价值，通过区块链向日本环境省提供具有公信力的能源环境数据，简化政府审查登记手续；在促进可再生能源消纳的基础上，将电力消费与个人喜好进行关联，尝试电力与社交结合；通过真实电流进行干预，实现电力供需的对接，助力可再生能源有效消纳。

（案例来源：国家电网，来源于网络）

2.3　跨境支付

· 国内典型案例

【案例八】　建行跨境易支付应用

1. 案例背景及解决痛点

随着"一带一路"倡议的推进，越来越多的中资企业开始走出国门，跨国的投资和贸易往来愈加频繁。目前中资企业在境外的投资覆盖了基建、钢铁、铁路、汽车、高科技等各个领域，进出口贸易、对外直接投资、出口大宗商品、进口原材料、个人出入境等业务均实现翻番式增长，跨境支付需求越来越旺盛。据 Wind 数据显示，2015 年人民币跨境支付系统交易笔数 8.67 万笔，总金额达 4808.98 亿元；2016 年统计结果显示，交易笔数增加至 63.61 万笔，总金额增加至 43600 亿元，交易笔数和总金额均达数倍增长。

中企在对外投资和贸易过程中涉及频繁的境内境外跨境支付。在传统支付方案中，必须依靠第三方中介机构来实现传递信任和价值。目前，全球跨境支付体系主要依托环球同业银行金融电讯协会（以下简称SWIFT）等提供服务，存在手工操作多、流程效率低、中转路径不透明、到账时间长、费用相对较高、交易安全风险高等问题。走出去的中方企业亟须创新的跨境支付工具。跨境贸易业务横跨多个国家和地区，涉及面广、交易链条长、贸易信息复杂，区块链技术可以构建高效的跨境支付体系，有效解决信息共享不畅、跨地区多主体协同困难、支付交易费用高、交易不安全等问题。

2.案例内容介绍

为了响应“一带一路”倡议，为走出去的中资企业客户提供高效、安全、低成本的跨境支付工具，建设银行应用区块链等金融科技新技术，创新支付手段，打造“易支付”跨境支付工具，有效解决信息共享不畅、跨地区多主体协同困难、支付交易费用高、交易不安全等问题，提升服务质量和客户体验。

有别于依靠第三方中介机构实现传递信任和价值的传统支付方案，基于区块链的跨境支付解决方案，可以不借助第三方中介机构，实现信息和价值的可信传递，实现跨境支付的秒级到账和即时清算，能够为客户提供高效、安全、低成本的跨境支付工具，实现端到端跨境支付服务优化，还能满足监管合规要求，提升金融机构海内外一体化支持能力。“易支付”跨境支付工具整体业务运行框架见图2-16。

业务参与角色包括联盟运营机构、直接参与方、间接参与方、用户、监管机构。主要业务流程包括充值、转账和提现。企业客户首先注册跨境易支付钱包，对企业的结算账户完成扣款后，实现对跨境易支付钱包的充值。企业可以通过钱包向交易对手方的钱包进行转账，交易对手通过钱包进行提现操作，将资金转入企业的结算账户。通过链上信息的流转指令驱动链下实施资金的联动，实现了完整的支付信息、指令、实体资金、会计核算的业务闭环。同时在交易过程中嵌入反洗钱审查流程，并根据贸易背景信息向监管进行合规报送，满足监管合规要求。

跨境易支付项目基于区块链技术，针对支付场景对功能、性能和安全性等方面的需求，在账户结构、交易模型、分片扩容、分布式存储、隐私保护机制等方面进行了技术攻关，提升了区块链技术在支付结算类高并发场景下的吞吐量，提升了区块链底层框架的处理性能、可用性和安全性，提升区块链技术的自主可控能力。

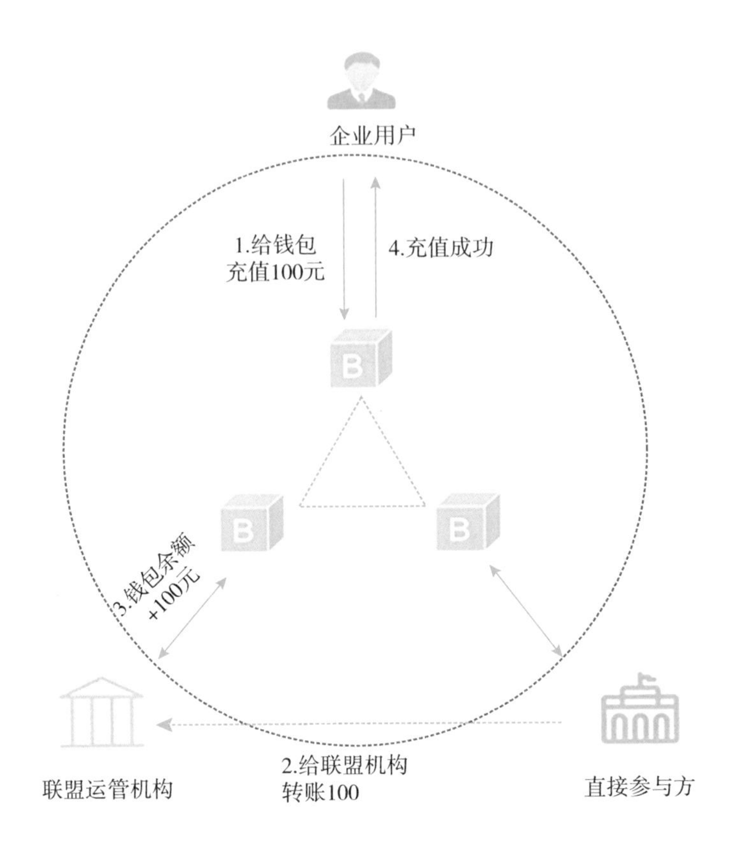

图 2-16 跨境支付业务运行框架

3. 案例价值与成效

基于区块链技术打造的全新支付清算网络，在满足客户时效性、安全性、合规性等方面需要的基础上，实现了点对点实时清算。一是时效性强。基于区块链技术去中心化的特点，将跨境支付简化为"充值＋支付"两个步骤，实现后台自动清算和实时到账，使客户获得极致的支付体验。二是提升交易安全性。基于区块链加密技术和点对点的数据传输能力，在一定程度上减轻了对境外第三方支付网络的依赖，提升跨境支付交易的安全性水平。三是合规性有保障。在交易过程中，支付指令依托交易信息和交易单据审核，境内外同时进行反洗钱与金融制裁筛查通过后才能完成整个交易流程。四是可扩展性强。技术框架可适配多种业务场景。五是满足监管要求。在应用区块链技术进行创新的同时，充分满足境内外的监管要求。

（案例来源：中国建设银行）

· 国外典型案例

【案例九】 瑞波(Ripple):基于区块链的支付网络平台

1. 案例背景及解决痛点

传统跨境支付模式下,一笔跨境支付可能需要经过汇出行、清算机构、代理银行、收款行等多个主体,每一个主体都有自己的账务系统和清算系统,环节多,流程长。一些小型金融机构没有接入SWIFT系统,还要通过代理行进行中转,既拉长了流程,又增加了费用。美国的瑞波公司提供了一套新的跨境支付解决方案,通过建立一个分布式清算网络,使机构和个人用户都可以加入Ripple网络,实现方便、快捷、低成本的跨境支付与结算。去中心化的特点使各相关支付机构能够在加入Ripple网络之后实时通知对方,在发起交易前确认支付细节,并在完成交易后立即确定交割,为相关交易主体提供了便捷的跨境支付服务。Ripple基于区块链技术的独特运行规则和清算系统,保证了交易资金流动的效率和安全,在国际贸易结算和跨境支付中具有很大优势。

2. 案例内容介绍

瑞波(Ripple)是一个基于区块链的支付网络平台,允许任何金融机构、企业或者个人直接接入网络,通过这个支付网络可以转账任意一种货币,支付简便易行快捷,交易速度快、交易费用低。瑞波(Ripple)由美国旧金山数字支付公司(Ripple Labs)研发,于2013年3月发行,并从2014年4月开始交易。截至2019年底,已有60多个国家和850多家银行或机构使用。瑞波(Ripple)整体业务流程见图2-17。

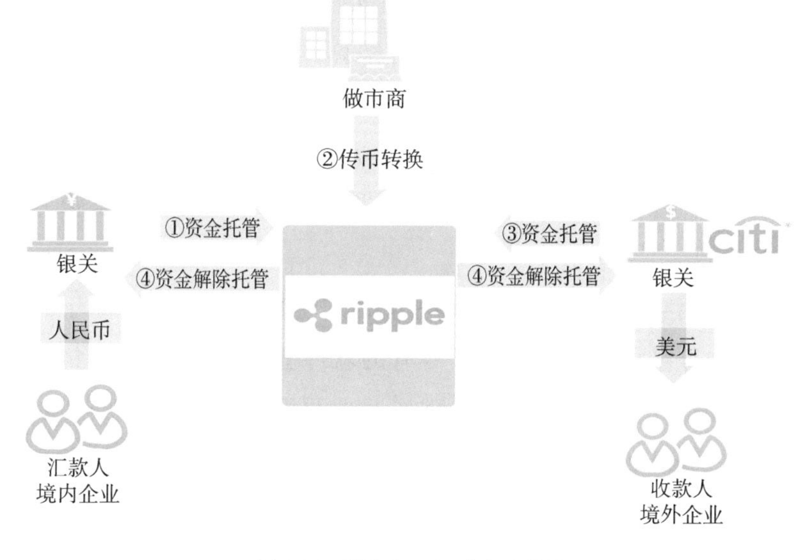

图2-17 瑞波(Ripple)业务流程图

Ripple是在Ripple支付协议(RTXP)基础上的去中心化的开放式支付清算网络，能在全球范围内实现多币种快捷、低廉的转账业务。Ripple网络由xCurrent节点组成，节点包含了实现Ripple协议的软件和存储数据的账本，一般部署在大型银行(做市商)中。在收到付款方付款申请后，Ripple协议负责选择价格最低的做市商，接受付款方货币，并向收款方账户打款指定类型的货币。相比于中心化清算，Ripple协议通过做市商对每笔交易实时清算，提高了汇款速度。如果没有合适的做市商，则可以选择用瑞波币作为媒介货币。先通过做市商将货币兑换为瑞波币，再转账瑞波币，最后再通过做市商将对瑞波币兑换成某种货币。这种用瑞波币解决流动性问题的汇款方案叫做xRapid。瑞波通常与跨境支付服务公司合作，将支付服务公司作为它们的本地网关接入其账本系统。通过该本地网关，区块链支付用户可以通过网关开立虚拟账户，可以往该账户充值一定数额的电子货币，网关在确认充值成功后，会将对应的电子货币数额写入该用户对应的区块链账本系统中。

3.案例价值与成效

通过搭建开放式的支付平台，瑞波公司首先解决了跨境支付信任建立难的痛点。区块链的技术优势是去中心化或者半中心化，通过数字加密、分布式共识来建立分布式节点的信用关系，形成去中心化的可信任的分布式网络，从而解决跨境支付节点之间信任建立难、信任建立成本高的问题。

其次，提升了业务效率并降低成本。区块链利用庞大的去中心化网络，实现了多节点的合作协同，解决了跨境支付原有的支付效率问题。同时依靠区块链建立起来的统一的支付网络，可以快速智能搭建支付路径，以极低的成本快速完成跨境支付。实现跨境支付的业务效率提升并同时实现了业务成本的降低。

另外，技术妥协融入了现有的金融支付结算体系。瑞波根据金融行业实际业务监管需要作出了重要妥协。提出不需要代币的xCurrent支付模式，打消金融机构对货币脱媒的担忧；同时，瑞波网络也提供功能满足金融机构在跨境支付时对反洗钱和反欺诈等监管的诉求，确保基于区块链的支付结算基本在监管方面与现行支付方式保持一致。

最后，提供了端到端的跨境支付解决方案。瑞波不仅搭建了基于区块链的支付网络，同时也为金融机构接入开发了专有的软件套件，实现了区块链开箱即用功能。需要加入瑞波网络的金融机构，仅需按照瑞波提供的部署说明开展软件部署，即可完整的融入瑞波网络中开展基于区块链的跨境支付，极大地降低了金融机构接入开展业务的门槛。

(案例来源：中国建设银行，来源于网络)

2.4　供应链金融

· 国内典型案例

【案例十】　工商银行工银e信

1.案例背景及解决痛点

随着供应链金融在支持实体经济发展中的作用日益凸显，供应链金融已成为加速产业融合、加速资源整合，拓宽小微企业融资渠道，确保资金流向实体经济的利器，发展供应链金融业已上升到国家战略层面。目前国内供应链金融集中在计算机通信、电力设备、汽车、煤炭、钢铁、医药、有色金属、农副产品等行业，通过观察目前各领域供应链金融业务的开展情况，可以发现其大规模实质推进仍面临诸多困扰。具体有如下困扰问题：

(1)信用多级传导受阻。受制于企业信誉和传统金融风控要求，大多数金融机构和核心企业自建的供应链金融平台仍围绕核心企业的一级上下游，缺乏真正面向二级、三级直至N级上下游企业并以核心企业真实贸易链路为信用背书开展的融资业务，产业链末端小微企业融资难题仍然存在。

(2)贸易真实性难以证实。实践过程中，由于缺乏有效验证手段和多维风控数据来源，金融机构难以知晓交易信息的真实性，而人工核验成本居高不下，造成银企之间的信息不对称和信任鸿沟。

(3)产业链多方信息相互割裂、无法共享。供应链金融涉及的环节、企业类型、参与主体等较为复杂多元，供应链各参与方的信息数据孤岛没有有效打通，面临资金流、信息流、商流、货流难以匹配等问题，未能形成整体产业链的协同合作效应，阻碍了供应链金融的开展，使中小企业融资难、融资贵的顽疾难以根治。

2.案例内容介绍

为贯彻国家普惠金融发展战略，有效支持实体经济发展，中国工商银行创新优化供应链金融服务模式，推出供应链金融应收账款融资平台，利用区块链技术去中心化、信息共享、公开透明、难篡改、可追溯等特征，实现供应链上下游的信用穿透，降低金融机构风控难度，有效解决供应链企业融资难、融资成本高的问题。

供应链金融应收账款融资平台基于区块链技术将应收账款电子化，在银行授信范围内，由供应链核心企业签发、可流转、可融资、可拆分的数字信用凭据“工银e信”(以下简称“e信”)，支持供应商基于融资平台在线上向其他供应商转让来自核心企业的应收账款，或者直接向核心企业或金融机构申请应收账款融资，所有操作记录链上存证，保障供应链上应收账款转让的信息公开且不能被篡改，通过区块链加支付凭证的信用结合，运用区块链分布式记账、防篡改和电子支付线上化、可拆分的特点，打造全新的供应链融资模式。

平台提供 e 信签发、签收、支付、转让、拆分、贴现等功能，进而盘活应收账款，提高应收账款利用效率。业务流程见图 2-18。

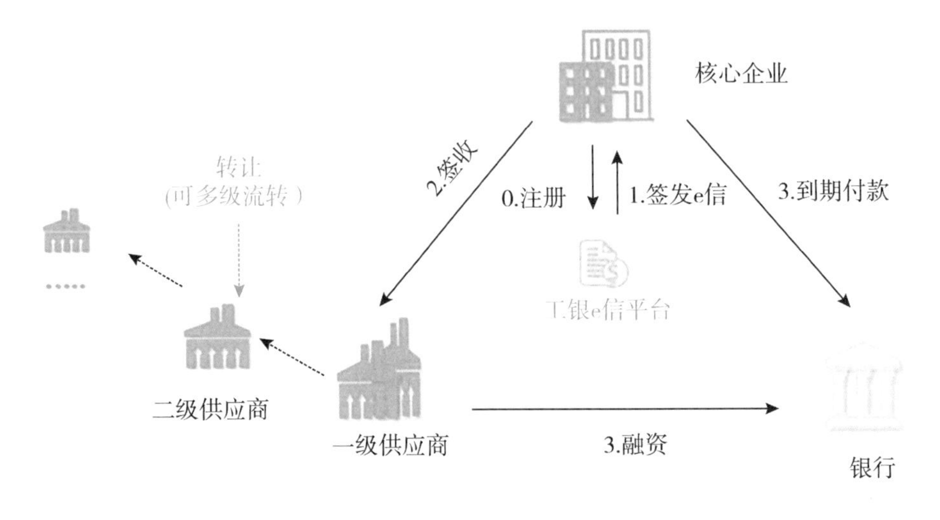

图 2-18 “工银 e 信”业务全流程

核心企业通过在“工银 e 信”平台进行注册，可在银行的授信额度之内签发 e 信，与核心企业直接产生业务联系的一级供应商进行 e 信的签收。签收的 e 信一方面可以继续在多级供应商之间拆分、转让，另一方面，各级供应商可基于持有的 e 信，向银行进行融资。最终，e 信到期后，由核心企业向银行进行到期清算还款。

3. 案例价值与成效

自上线以来，平台累计签发工银 e 信 2 万余笔，签发金额 500 多亿元，服务 1 万多家企业客户。该案例荣获“2020 年第十一届金融科技及服务优秀创新奖”金融科技产品创新突出贡献奖。平台为中小企业提供全方位、多维度的金融服务，惠及医药、化工、建材、运输设备、汽车等多个行业，实现从业务运营、融资贷款、风险监管一站式服务，真正实现核心企业信用向产业链深度延伸。案例具有如下价值：

（1）释放核心企业信用，实现信用多级传递。核心企业的债权凭据可以在区块链上按不同的应收账款额度灵活拆分，核心企业信用可以沿供应链条做无衰减的传递，从而破解了传统供应链金融中核心企业授信只能传导到有直接交易关系的一级供应商、造成高额的银行授信空置，同时中小企业又难以获得授信的困境，全面服务供应链上下游所有企业。

(2)实现贸易信息共享,降低融资成本提高融资效率。区块链共识机制将上链的相关贸易信息按照一定的规则在各方之间进行同步,一方面减少了金融机构核对供应链上交易真实性投入的大量时间和人力成本;另一方面在办理供应链相关业务的时候可以灵活快速获取账本数据,减少传统供应链金融业务流程的繁琐流程,提高了融资效率。

(3)避免交易数据伪造及篡改,保障贸易真实性。基于区块链技术构建点对点的网络结构,实现了业务流程线上化办理,区块链共识机制及智能合约的应用,减少了传统业务模式中纸质化环节多、存在业务人为干预的风险,也避免了交易数据的伪造和篡改,保障贸易真实性。

(案例来源:中国工商银行)

【案例十一】 农业银行区块链在线应收账款管理服务平台

1.案例背景及解决痛点

随着我国经济信用化程度不断发展,供给侧结构性改革进一步深入,市场上以国内保理业务为主的应收账款融资需求旺盛、潜力巨大,供应链金融服务已成为国内金融服务领域的热点。据商务部研究院调查,我国企业开展以赊销为主的信用交易的比例已超过80%。2017—2020年的增速在4.5%至5%左右。2021年我国供应链金融及应收账款市场规模将接近20万亿元。

供应链金融的重要作用是依托核心企业信用服务上下游供应商企业。然而在多级供应商模式下,一级供应商以下的供应商,由于他们未与核心企业直接建立业务往来关系,通常难以直接获得核心企业的信用支持。而这些供应商一般都是小微企业,因受限于自身公司业务、资金和规模,存在抗风险能力低、财务数据不规范、企业信息缺乏透明度等问题,仅靠自身的信用难以融资。

此外,供应链金融依赖真实的贸易背景,但各参与方(核心企业、一级供应商、二～N级供应商等上下游企业)之间交易的真实性难以确认,供应链中各个参与方之间的信息相互割裂,信息无法共享、信任传导困难、流程手续繁杂、增信成本高昂。由于金融机构对供应链金融平台上核心企业应收账款的确权信息、凭证流转数据的真实性、有效性不能充分信任,导致这些中小企业难以获得金融机构的融资支持,资金端风控成本居高不下,中小企业融资难、融资贵的问题未能有效解决。

2.案例内容介绍

为切实提升金融服务实体经济能力,有效解决中小企业融资难、融资贵问题,农业银行基于国内反向保理业务原理,运用区块链等技术手段,以核心企业及其上游供应商客户群为服务对象，研发了基于区块链的在线应收账款管理服务平台（见图 2-19），实现应收账款的拆分、转让、收款、融资和管理等功能。平台创新地将应收账款抽象为 e 信，借助区块链技术实现了部分应用及数据的上链及管理。e 信是一种可流转、可融资、可拆分的电子付款承诺函，具有可靠、支付免费、可拆分流转等特性。其利用了区块链技术不可更改、可追溯的特点，确保了交易真实性，并低了供应链融资业务调查中信息不对称、信息传递等方面带来的操作风险，同时也实现了各级数字资产的拆分、传递和流传。

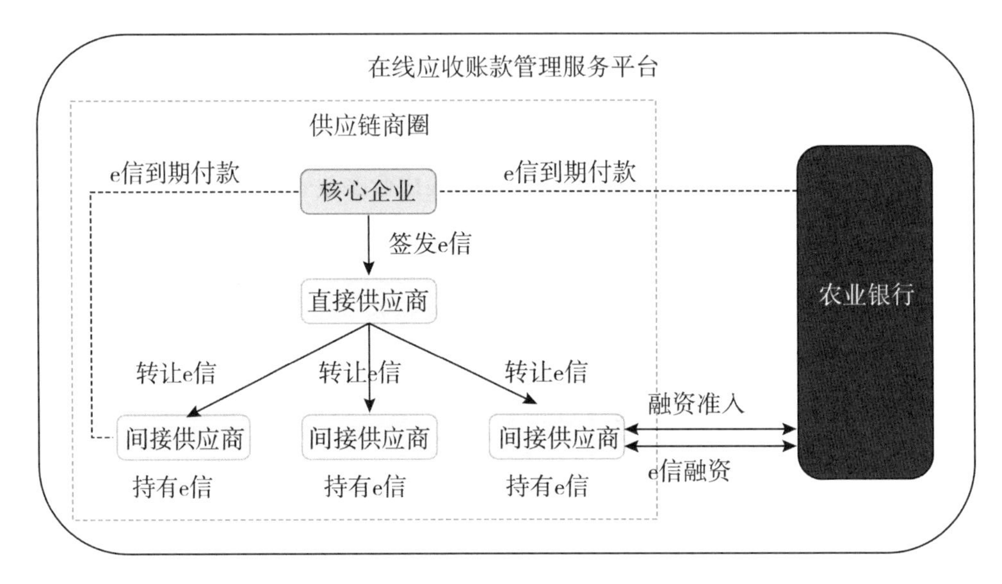

图 2-19　基于区块链的在线应收账款管理服务平台

基于区块链的在线应收账款管理服务平台重点关注围绕在核心企业上下游的中小企业融资诉求，通过引入区块链技术，创新性解决了供应链金融中的诸多难题，通过技术手段建立起银行与中小微供应商的信任体系。

（1）解决供应链贸易背景真实性问题。以核心企业及其上游供应商客户群为服务对象，运用区块链构建技术信任，有效保障供应链贸易背景真实性，提升数据的安全性、真实性、可靠性。在原始资产登记上链时，通过对供应商的应收账款进行审核校验与确权，确认贸易关系真实有效，以保证上链资产的真实可信。区块链各参与方可在链上查询详情，真实刻画每一次贸易的交易背景，保证了数据的安全性、真实性、可靠性。

（2）解决参与方之间信息相互割裂。基于区块链实现多方信息实时共享，解决参与方之间信息相互割裂问题，基于链上积累数据实现核心企业信用的穿透，有效解决中小微企业融资难问题，降低融资风险。利用区块链分布式存储实现交易的实时共享，此种方式不依赖某一个中心机构保存信息，相对更加安全；同时区块链信息不可伪造和篡改实现交易的不可抵赖，增强了各参与方之间的互信，大幅降低了金融机构的尽调成本，提升了融资效率。

(3)解决数字资产拆分流转困难。基于区块链的可追溯性、加密技术等，实现数字资产“e信”的可拆分流转，提升融资效率，为中小微企业提供快速灵活的贷款服务。区块链技术在供应链融资服务系统中得到运用后，其分布式记账方式、加密技术等功能优势确保了各方完整的数据信息得以保存。

应收账款e信的签发、转让(含拆分)、签收会反映在区块链上，利用区块链的可追溯性，可追溯e信的全流程变化情况。e信的流转使得供应链金融信用得以传递，实现了债权的拆分。让核心企业应付账款融资服务范围能够穿透一级供应商，扩展到产业链更上层的实体中小企业，实现供应链上下游企业资金融通的需求。

(4)解决中小微企业融资困难问题。通过打造完备的全流程线上化供应链融资服务平台，全流程线上处理，缩短业务审批时间，突破原有的时间概念和空间界限，更好地提升银行服务供应链融资业务的能力。应收账款e信上链，真实反映了中小微企业的业务往来，实现了信用数据的积累，方便监管和核查，并可使用e信，占用核心企业授信进行融资，解决了中小企业融资难、融资贵的问题。

(5)同业领先，首创支持正反向发起应收账款融资业务场景。在应收账款融资领域领先同业，主要是首创在风控的基础上，同时支持正反向发起应收账款融资业务场景。即除支持业内主流的由核心企业发起应收账款融资电子凭证签发的正向业务场景外，同时首创支持了通过供应商主动发起应收账款融资电子凭证签发，极大减少了核心企业的工作量，在风控的基础上，充分调动了核心企业的积极性。

3.案例价值与成效

基于区块链的在线应收账款管理服务平台以区块链构建技术信任，为中小微企业信任背书，有效助力普惠金融服务生态建设。通过打造完备的全流程线上化供应链融资服务，有效减少融资风险、降低融资成本、提高融资效率，为中小微企业提供快速灵活的贷款服务，同时全流程线上处理模式减少人工处理环节，缩短业务审批时间。2021年，基于区块链搭建的在线应收账款管理服务平台荣获了亚太区最佳区块链项目奖。

基于区块链搭建的在线应收账款管理服务平台(e账通)通过营销核心企业签约、核心企业推荐一级供应商签约、一级供应商推荐更上层的供应商签约形式，滚动式发展，以农行及核心企业4个核心区块链节点为支撑，实现对整个链条的客户批量获客，自2019年上线以来，累计上线核心企业近百家，供应商180余家，提供签发、融资和转让服务超800笔，融资金额超10亿元。在疫情期间全面助力中小微企业复工复产，凭借着高效的融资速度、便捷的线上化服务，快速有效地缓解了一些中小微企业资金压力，为提升产品链供应链稳定性提供了有力保障。

（案例来源：中国农业银行）

【案例十二】 云趣数科银义链

1.案例背景及解决痛点

在供应链金融，流动性提供商扮演着极其重要的作用，如果没有流动性提供商提供的资金支持，供应链金融只能是空中楼阁。由于企业自身的融资成本一般高于银行，且具有优化其财务状况的动机，因此银行提供资金在我国最为普遍。由于面临利差收紧、同质化竞争、金融脱媒等挑战，银行被迫思考未来的发展方向。对银行来说，创新服务内容与拓展服务对象是两条根本性的思路。由于银行无法实际参与到供应链运营中，银行涉足供应链的唯一方式就是找到供应链上的“核心企业”，根据核心企业的需求，提供金融服务。

由于供应链金融具有跨组织、跨时间的业务特性，存在着很多内源性风险，如信息造假风险、企业信用风险、违约风险、操作风险等问题。对供应链金融风险控制的根本在于对相关信息的掌控程度，不真实的信息、错误的信息、延迟的信息，将严重影响交易的过程和决策目标，也是风险的直接原因。风险的存在制约了企业信用的进一步穿透和供应链金融业务模式的创新拓展。

区块链技术的发展，为贸易真实性提供了可溯源、不可篡改的技术背书。区块链的每个节点都参与到记账过程，账本信息永久记录，不可删改，基于这些特点构建“弱中心化”的可信联盟链。现实交易涉及多个参与机构、多重交易凭证和记录手段，会相应产生多个维度的信息，通过将这些信息上链并在联盟之间跑通，能大大减少信息篡改的可能性。

2.案例内容介绍

基于区块链的银行平台对接模式可以为不同的资方提供统一的服务，避免重复开发，为客户提供开箱即用的对接服务。“银义链”目标是为银行等相关资方提供一站式的对接服务，实现资方与平台的直连，为供应商提供高效、便捷的融资服务。底层区块链用来存储对接相关业务数据，保证数据的安全性和可追溯性。银行通过中企云链平台可获得优质客户资源，在丰富可信贸易场景的同时，降低银行参与供应链金融的各方面成本。同时，系统也会逐渐集成云链平台提供的服务功能,使银行能直接基于微节点进行业务,提高业务对接效率。

云趣数科基于区块链的银企直连解决方案当前已成功对接中国建设银行、中国农业银行和北京银行。其中建设银行和北京银行产品是利用银义链微节点对接方式实现了贸易融资业务的接入。利用区块链微节点连接方式实现跨平台的业务和数据打通,基于区块链等技术实现隐私保护和数据的可信传输,确保企业用户产融信息安全。与农业银行的对接,首先为农业银行搭建区块链节点,基于银义链微节点实现中企云链云信平台相关产融数据与农行业务系统之间的可信互联。通过业务系统互联与业务文件资料上链的混合连接模式,实现跨平台的数据打通和隐私保护。"银义链"方案模式示意图见图 2-20。

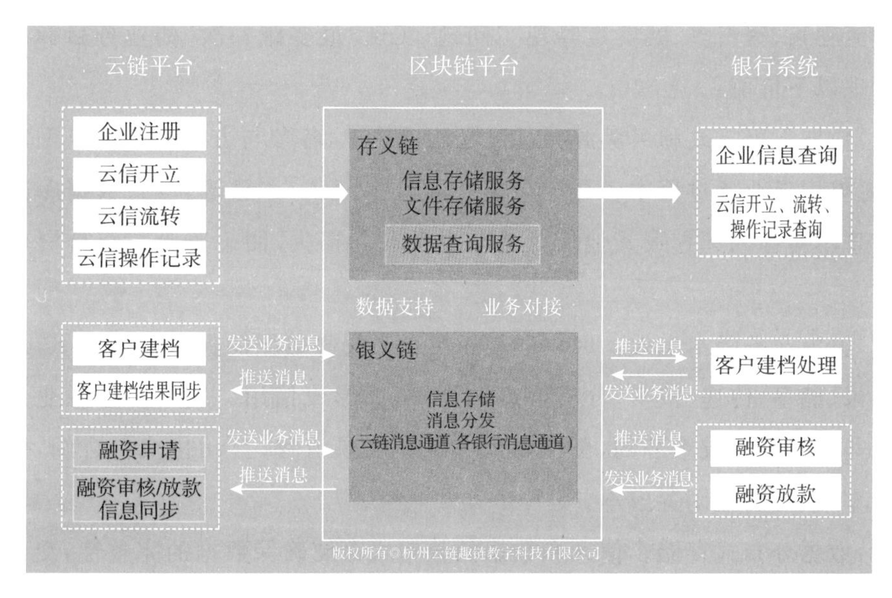

图 2-20 银义链方案模式示意

"银义链"方案运用关键技术如下:

(1)共识机制关键技术,设立公平的数据写入权利。为了避免不同的区块链账本出现数据混乱的问题,每次只挑选一个网络节点负责写入数据;确定数据在链条的同步机制,为避免出现伪造、篡改、新增数据的情况,必须设计可靠的验证机制,使所有网络节点能够快速验证接收到的数据是由被挑选的网络节点写入的数据。

(2)随机因子加密。云趣数科使用的区块链底层 Hyperchain 自带加密功能,上链数据都经过国密算法加密,以密文形式存储在区块账本内;其次,数据上链之前,通过智能合约生产随机密钥,并使用该密钥将上链数据做加密;最后,为了避免用户通过暴力溯源和暴力破解的方式,从区块链源头区块查询该密钥信息,系统通过随机因子专利技术,将区块链头部区块进行归档且物理删除方式,彻底删除区块链源头，杜绝暴力溯源和暴力破解的根源。

(3)数据分权治理。当前针对隐私数据采用加密合约方式，所有上链数据都会进行加密，区块链上不保存明文数据。数据上链时通过智能合约生成随机密钥，进行数据加密，再将加密后的数据上链存储。在查询数据时，再通过智能合约获取解密的密钥，进行解密，最后将数据反馈给应用层。完整的隐私保护不仅仅是通过加密一层措施进行，还结合了账户体系、权限动态控制列表方式进行。

3.案例价值与成效

传统业务存在供应商、保理商、核心企业、银行等供应链金融主体企业在不同平台重复登录注册、提交业务资料、审核等问题，联盟链基于银义链应用，解决供应链业务流程长、资料多、融资难等现实问题，实现“最多跑一次”的业务目标。具体可以实现以下价值：

(1)数据不可篡改和可溯源。基于区块链技术，各参与方成为区块链网络中的节点，完整记录业务过程中各环节数据，不会因为某一方篡改合约、数据库或者其他的信息不对称问题导致其他业务参与方的利益损失，便于监管与审计资金流和信息流。

(2)整体业务降本增效。区块链技术可在不损害数据的保密性情况下，通过程序化记录、储存、传递、核实、分析信息数据，从而形成信用。应用在金融业务上不仅带来非常可观的成本节约，更能够大大简化交易流程，自动化执行合约，提升了交易效率，减少资金闲置成本。

(3)数据分布式存储。信息和数据的分布式存储确保数据的完整性，交易记账由分布在不同地方的多个节点共同完成，避免了单一记账人被控制贿赂而记假账的可能性。由于记账节点足够多，理论上讲除非所有的节点被破坏，否则账目就不会丢失，从而保证了账目数据的安全性。

(4)交易智能合约化。所有交易通过智能合约实现，只有在满足条件下的交易才会执行，降低交易对手方风险。

云趣数科银义链建设银行项目已经实现了平台对接和业务跑通，当前已经为三家供应商提供融资服务，截至2021年5月底，建行系统与云链平台通过区块链共完成578万元的再保理融资业务。

（案例来源：杭州云链趣链数字科技有限公司）

· 国外典型案例

【案例十三】 Findora 供应链金融平台

1. 案例背景及解决痛点

近年来，互联网技术的快速发展，搭建了金融业和实体经济有机结合的新模式，催生了涉及多方主体参与、在风险控制的前提下解决企业融资问题的供应链金融模式。虽然供应链金融创建了链接金融机构和实体经济的新模式，但在具体的执行过程中仍然存在信息传递的可信度不足、核心企业的信用传递层级不足、供应链上参与方信息化程度不足等问题。

针对供应链金融存在的问题，位于硅谷的先进区块链技术公司 Findora，与全球领先的某制造业集团合作，开发了一个多方、多角色参与的供应链融资和管理以及商业票据通证化市场平台（见图 2-21）。在斯坦福应用密码学实验室的研究支持下，平台采用尖端零知识证明技术、隐私多方计算技术和高性能分布式系统工程，连通供应链中的各方企业和金融机构。

图 2-21 Findora 供应链金融平台模式

2.案例内容介绍

该平台通过将票据电子化，利用区块链技术自动化发票的识别、核查、管理，实现可溯源查询，金融机构与核心企业之间可以通过区块链多方签名、不可篡改的特性实现债权的转让与流动。通过区块链的可靠性和完整性实现资金方对于企业的还款能力、交易真实性的审查，形成一个透明互信，实时共享的交易网络。

平台模式及特点如下：

(1)多方多角色参与、管理模式。平台支持龙头企业对一级供应商的应付款(AP)可通证化(生成保密通证)并可拆分，在供应链内层层转让成为支付工具；同时也支持具有隐私保护的合同链溯源以支持企业间点对点交易和债权贴现。

(2)全球领先的隐私技术。利用基于零知识的分类账本进行审查与监控，利用保密支付、保密多元支付、保密资产转移、隐私保护多方计算等功能保护企业的商业隐私不泄露公开。可消除服务器端欺诈和数据泄露风险，同时提供合规证明。借助选择性披露凭证，用户可以选择性披露信息，而无需披露所有信息。用户可以使用密码证明来验证有关其凭证，而无需透露实际信息。

(3)采用零知识技术提供监管科技。当一个交易还不能确定具有欺诈性但是可疑时，自动报警系统将触发欺诈预警，并立即通知监管机构，监管机构能够直接通知相关方(例如控制资金的存管银行)，防止应付款欺诈、信用透支、一票多抵等违规行为。

3.案例价值与成效

对于供应商以及核心企业，平台的价值在于能实现多级信用的穿透，降低企业的融资成本；对于银行等金融机构，平台分布式网络能提供共享的业务记录，通过保证链上企业票据的有效核查与企业交易信息的真实性，解决各方互信问题，辅助信用评估，优化资金配置。通过搭建区块链＋供应链金融的联盟，将核心企业、金融中介机构、资金方、保理机构、支持性企业等囊括进入平台之中，并逐步实现数据上链、资产数字化、数字资产交易、融资需求的匹配等业务。

(案例来源：中国工商银行，来源于网络)

2.5 数字贸易

· 国内典型案例

【案例十四】 中国工商银行“中欧e单通”跨境贸易金融平台

1.案例背景及解决痛点

贸易融资是银行业务领域的一个重要组成部分。贸易融资是指银行运用结构性短期融资工具，基于商品交易中的存货、预付款、应收账款等资产的融资。贸易金融市场体量庞大，在其快速发展的同时，贸易结算工具和融资方式呈现出多样化的特点，融资风险也随之不断提高。目前贸易融资主要存在以下三个问题：

(1)流程繁琐。贸易本身具有涉及行业面广、交易链条长、结算方式多样的特点，为了实现贸易融资的“自偿性”和风险控制，银行贸易融资业务包含大量烦琐的审查流程。

(2)信息不透明。物流、单据流、资金流信息不透明，如纸票“一票多卖”等欺诈现象频频发生，加大了对贸易背景真实性的验证需求，增加了银行贸易融资业务的成本。

(3)耗时较长。贸易融资流程中相关信息电子化程度低、人为参与度高，降低了贸易融资业务的整体效率，导致付款延迟并延长货物的运送时间。

2.案例内容介绍

中国工商银行基于区块链技术构建“中欧e单通”跨境贸易金融平台，联合港运公司、银行、监管机构、海关等多部门打造跨境贸易金融服务生态圈，实现单据流、信息流、资金流的流转和可追溯。平台利用区块链分布式共享账本及智能合约技术，实现四川成都青白江自贸区“一单制”单据信息核碰功能，通过核碰发货人、收货人、班列号/船号、集装箱号和起运时间等核心要素来核验物流真实性，运用于进出口信用证和跨境汇款场景。相较于传统业务模式，基于“中欧e单通”的贸易融资业务提高了业务处理效率，减少了传统方式下需要往返寄送“一单制”提单的寄单时间，促进了贸易结算便利化，区块链技术难以篡改的特性保障上链数据的安全输出和数据复用，实现贸易真实性核验。平台可与青白江自贸区成都国际铁路港物流平台接入，实现跨境物流全程监管；还可与国际贸易窗口结合，实现跨境结算、融资、关税等一揽子通关与金融便利；并能结合跨境电商，探索跨境电商报通关结算一站式服务，为小微企业提供“走出去”的平台支撑。

该平台由四川工行在四川省政府各级主管部门和中国工商银行的支持下自主研发，通过将区块链技术运用于中欧班列多式联运“一单制”提单的跨境物流信息的核碰，实现国际端和国内端物流运输单据的真实性核验，打破了跨境信息壁垒，有效地节约企业成本，实现了物流金融的全程监管，大大提高了中小进出口企业的融资可获得性。自发布以来，平台先后有多家企业上链，涉及货值近4亿元，实现跨境融资近4000万美元。

中欧e单通2.0版本也在2021年的2月份正式启动，该版本将多式联运“一单制”线上签发和“外贸e贷”两大功能一并投产。企业只需登录平台或四川单一窗口即可查询授信，线上提款秒到账。其中，“外贸e贷”功能将利用平台上“一单制”单据的签发数据结合中国工商银行的内部大数据以及其他可靠数据来源，运用区块链、大数据OCR、API、数字认证等技术，针对小微外贸企业经营特点、跨境物流、资金路径，为企业进行“多信息画像”，从而核定一个融资额度，企业无需另外提供担保抵押，就可根据需要来自行提款和还款，具有“纯信用、全线上、随借随还、利率低”等特点，不仅适用于使用中欧班列的沿线企业，也延伸惠及具有真实跨境贸易的省内所有小微外贸企业。

3.案例价值与成效

(1)提高效率。通过多方共享，统一账本信息，打通贸易相关数据流，实现贸易各环节的实时跟踪和贸易融资的全流程管理；通过数字加密和智能合约自动执行，简化贷前调查、贷中审核、贷后管理等贸易融资相关流程；通过纸质文件的电子化，提高单据的流转速度，进而提高效率。

(2)降低风险。基于区块链的贸易融资平台打通多方贸易相关数据流，有利于银行快速准确地进行信息的验证和对比，提高对贸易背景真实性的把握，极大地减少相关方人为造假的风险，避免重复融资及融资诈骗。

(3)降低成本。流程的简化和信息的实时掌握将极大地减少银行人力成本的投入，解决投入产出比的效益问题。线下转线上免去了多渠道搜集信息的高成本，银行可以以更少的人力投入去做更多客户的更多业务，从而实现巨大的规模效益。同时成本的降低有利于提高银行为客户提供个性化服务的积极性，允许银行根据客户实际需求制定个性化解决方案。

（案例来源：中国工商银行）

【案例十五】 中国建设银行区块链贸易金融平台(BCTrade)

1. 案例背景及解决痛点

贸易融资业务是金融机构为国内和跨境贸易提供的结算、融资、信用担保、保值避险等综合金融服务，涉及买卖双方、金融机构、服务中介等多个参与方，交易流程长，信息交互复杂，信用风险和操作风险较高。目前大部分贸易融资业务依赖中心化机构为交易背书，信息不透明且收费较高。由于各方信息不对称，贸易背景真实性难核实，且很多单据采用传真或邮寄等手工方式传递，效率低下，安全性无法保证。为了解决业务痛点，利用区块链技术去中心化、不可篡改、可全程追溯、数据共享等特点，可有效解决跨组织、跨地域的多个参与方在不可信环境下的业务协同问题，降低交易风险。区块链技术在贸易融资领域的应用，是贸易金融的一种探索创新服务模式，有利于推进贸易融资业务数字化转型升级，在贸易融资领域拥有广阔的应用前景。

近些年，区块链在贸易融资的应用呈现百花齐放的姿态，影响较大的应用包括：中国建设银行的区块链贸易金融平台(BCTrade)、中信银行、中国银行、民生银行共同建立的区块链福费廷交易平台(BCFT)、邮储银行的区块链福费廷交易平台(U链平台)、交通银行建立的智链金融区块链平台(U链平台)。另外，监管机构也加入区块链福费廷应用的建设，中国人民银行、中国银行业协会、外汇管理局和上海票交所纷纷推出各自的应用产品。其中，尤以中国建设银行的区块链贸易金融平台(BCTrade)应用实效最为突出，下文以此案例进行详细介绍。

2. 案例内容介绍

中国建设银行于2017年起在贸易融资领域进行区块链应用创新，将区块链前沿技术与金融应用生态相融合，搭建区块链贸易融资平台(见图2-22)，实现贸易融资交易信息传递、债权确认及单据转让全程电子化，规避非加密传输可能造成的风险，提高业务处理效率。搭建起以福费廷、银团贷款为代表的同业交易市场生态，以国际保理、信用证为代表的交易渠道拓展生态，以物流金融、海关为代表的国际贸易物流生态，以再保理、保理为代表的小微普惠服务生态四大生态。平台支持与联盟参与机构所属应用系统的互联互通，实现参与机构账务、清算、结算、凭证、报表等业务自动化处理。构建了一个覆盖全贸易生态、全业务流程互通共享、多业务场景多参与方共存的平等、互信的同业生态。

平台采用多项创新技术：在交互渠道方面，以互联网接入为主，便于实现联盟的快速扩展，通过应用生态分层来构建系统化的安全机制；在数据保护方面，创新

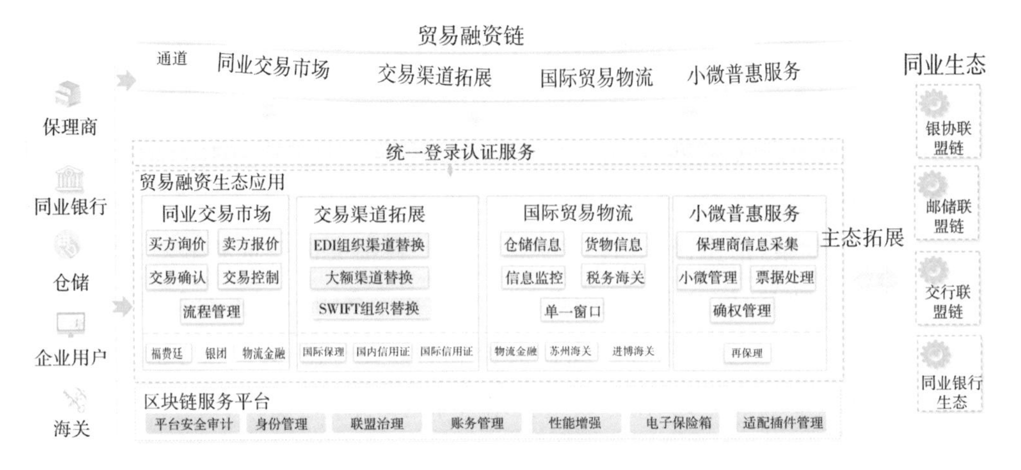

图 2-22　中国建设银行区块链贸易金融平台(BCTrade)

研发了电子保险箱，通过多种加密机制实现交易数据全加密和精确访问控制；在生态治理方面，支持参与方在统一的运行框架下开展业务，提供可视化的联盟运维和运营体系，支持同构跨链和异构跨链多种模式，与中银协、交行，邮储、广发、中企云链、中储等实现跨链互通；在监管创新方面，在实现客户隐私数据和交易资产高等级保护的同时，创新研发单通道多账本监管机制，实现交易账本和统计账本逻辑隔离；在分布式链外存储体系构建方面，通过链外文件加密存储，链上文件加密密钥关联保证链外文件(比如影像)不可篡改；区块链溯源性能提升方面，通过区块链账本监听和只读副本同步技术，全面提升能查询性能和追溯能力，实时展现用户交易轨迹和区块追溯信息。

3.案例价值与成效

区块链贸易融资平台实现了上链数据无法篡改，信息透明公开，解决了跨行交互依赖手工操作、缺乏可信交易渠道等问题，提升业务安全性和便利性。平台将福费廷、银团等二级市场等线下业务操作线上化，降低了贸易融资业务的操作风险；在无中心化机构背书的情况下，实现了单据的可信存证、高效流转和共识确认，提升金融机构信贷风险管控能力。贸易融资生态的建立，更快捷、紧密、安全地联系了海内外的金融机构，推进跨境服务贸易创新发展；统一的业务模式和业务流程屏蔽了参与方之间原有的业务差异，一点开发，多点部署，各方受益的推广方式，支持中小银行低成本接入，共享平台服务，实现联盟生态的快速拓展，具有较高的推广价值。

区块链贸易融资平台投产以来，已有 70 多家同业机构加入福费廷、保理、国内信用证等业务生态，形成以建行为主导的国内最大贸易融资区块链生态圈(见图 2-23)，

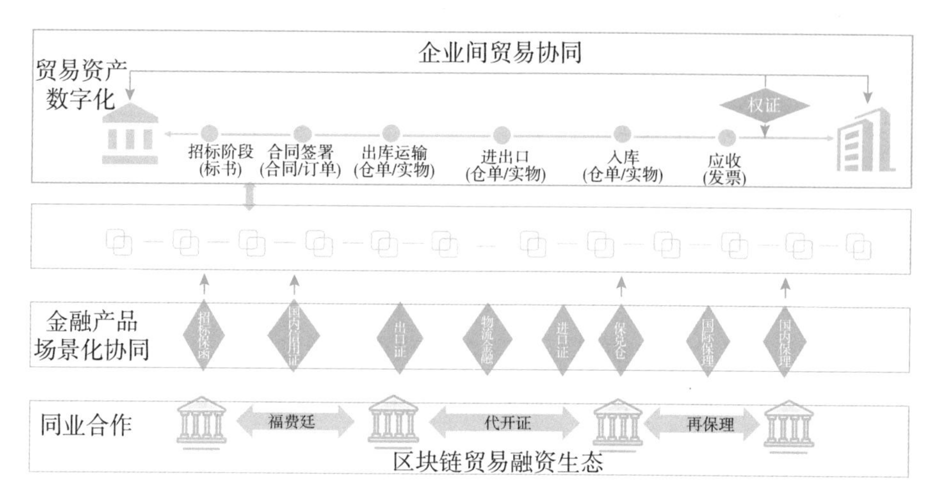

图 2-23　区块链贸易融资生态

累计交易额近 9000 亿元。其中，福费廷业务已成为业界交易量最大、参与方最多、最具影响力的二级票据市场；物流金融生态实现了区块链和物联网技术与金融业务的深度融合，构建了跨境大宗商品融资新模式；跨境银团生态实现与国际银团市场的在线交互，提升中资银行在国际银团市场的地位；再保理业务实现与行业龙头产品融合，持续服务小微企业。此外，中国建设银行积极协助中国银行业协会制定贸易金融领域相关的业务规则和技术标准，共同推进“中国贸易金融区块链联盟”的建设。

（案例来源：中国建设银行）

【案例十六】　TBC 区块链跨境贸易直通车

1. 案例背景及解决痛点

随着各国之间的贸易往来愈发频繁，数据孤岛现象严重、参与各方互相之间缺乏信任、中心化模式存在瓶颈等问题也变得愈发明显。2018 年 9 月 7 日，中国口岸协会发布公告《天津口岸区块链验证试点实验室建设正式启动国家级口岸信息化试点项目落户天津》，要求在天津实施口岸区块链验证试点项目，试点目标如下：

一是验证区块链技术应用于国际贸易及金融科技新业态，融合形成监管新模式，通过完整的业务链条、可信的数据来源，进行多方数据验证，提高技术验证能力，减少现场查验，缩短清关、纳税、外汇等环节时间，实现压缩整体通关时间的效果；二是形成区块链建设白皮书及相关标准、规范，建设“天津口岸区块链验证试点实验室”，通过第三方服务平台，为口岸监管数据采集提供数据支持，打造国家级示范工程；三是推动形成行业共识，建立企业自治自律模式，提高行业自身服务水平，形成商业联盟和运作模式。试点期间，实现海外仓数据、进口商数据、国内仓数据和结算信息的快速对比，实现天津口岸相关货物快速放行。

2019 年 4 月 17 日，全国首个区块链跨境贸易项目正式落地天津口岸。中国的首个区块链跨境贸易试点正式落地。

2. 案例内容介绍

项目由中国海关总署倡导中国丝路集团、工商银行天津分行、中国检验认证集团天津有限公司、振华物流集团、天津物产集团、微观（天津）科技发展有限公司、天津市进出口商会及多个参与项目运营的企业和机构构成项目未来的运营主体，实现了区块链在该应用场景的落地；同时，项目由中国海关等政府机构作为外部合作理事单位参与联盟的建设与共治。

“TBC 区块链跨境贸易直通车”建立上链贸易数据标准，为链上贸易进行单证信息交叉比对、存证，实现商品链上确权，建立企业数字资产信用体系，打造跨境贸易全流程可信溯源体系。跨境物流涉及领域可以分为贸易、物流、金融、监管四个部分。上链贸易企业可通过平台积累可信数据资产，享受快速通关、合规成本下降，低门槛，低利息的融资产品；上链的物流企业则可以获得更加精准优质的客户，以及物流过程中的各项被对方证明的真实性数据；对于上链的金融机构则可以通过贸易过程的可信数据，实现资金全流程的风险控制，从而大大提高金融产品的安全性；而对于上链的监管机构，则可实现从“结果单证数据”监管到“从平台获取贸易过程中的单证交叉比对验证结果”的转型，这不仅大大降低了监管成本，还提高了监管的精确度，并极大地改善了营商环境。一单跨境贸易的交付过程，包括了签订合同、出口国境内委托承运（包括海、陆、空运）、仓储、通关、进口国境内承运、结算、融资、保险及缴付关税十大环节。“TBC 区块链跨境贸易直通车”通过区块链将上述环节整合、上链，实现了业务关联方、金融服务方和监管服务部门之间的数据互联互通、互信互换。企业、金融机构以及监管部门可通过“TBC 区块链跨境贸易直通车”提供的 API 接口进行定制开发，或通过指定的 Web 服务及 DApp 方式实现数据上链。

3. 案例价值与成效

“TBC 区块链跨境贸易直通车”是联合国贸易便利化与电子商务中心跨境贸易分布式账本基础设施的基准项目，于 2019 年 8 月 1 日通过海关总署的评估，进入了推广期。平台通过 285 个核心要素字段，7 套标准接口服务及应用系统，吸引了跨境贸易 4 大业务域（贸易商、物流、金融、监管）中 7 个主要角色（贸易商、供应商、仓储、报关行、银行、检验、海关）的共计 81 家企业上链。试点期间，“TBC 区块链跨境贸易直通车平台”发生的贸易总额价值1800万美元,相应税额超过2500万元人民币。截至2019年10月9日,上链银行借助平台风控延展已向上链贸易企业提供了1.63亿元人民币的未来货权质押贷款授信。

(案例来源:跨境贸易直通车工作组)

· 国外典型案例

【案例十七】 TradeLens项目

1.案例背景及解决痛点

全球的跨境贸易仍然处于一个极度低效的业务环境中。由于跨境贸易行业的特殊性和复杂性,传统的跨境贸易流程中仍然存在大量的纸质单据。尽管互联网等信息技术快速发展,实现了部分跨境贸易流程的电子化,但是业务流程中诸多不统一、个性化的部分仍然阻碍了国际供应链的畅通,大大增加了国际供应链之间的壁垒。近年来,随着跨境贸易的扩张,数据的孤岛效应也变得愈发严重。由于缺乏统一化的流程以及高效安全的数据共享机制,原本就纷繁复杂的跨境贸易效率变得更加低效。如果能有一个降低国际供应链间壁垒的解决方案,则国际贸易额将获得相当幅度的增长。基于这样的背景,马士基联合IBM,推出了基于区块链的航运解决方案——TradeLens。

2.案例内容介绍

TradeLens的目标是实现全球集装箱跨境运输作业的全面数字化,促进高效和安全的全球贸易,汇集各方一致信息共享和透明度,并促进行业范围内的创新。TradeLens的行业愿景在于将供应链的包括贸易商、货运代理、内陆运输等在内的众多参与方通过区块链汇集到一起,构建安全可靠的信息共享框架,并提供跨行业的各方无缝、安全地共享实时数据。通过开放非专有的API,标准的适用以及互操作性的推广,奠定持续改进和创新的基础。

TradeLens基于区块链技术,与物流公司合作,促成了快速、高效、透明并兼具安全性的国际贸易跨境运输作业。TradeLens平台定义了121个里程碑事件以及多个信息源,能够提供实时、准确的贸易里程碑时间信息;此外还提供了高度可视化的用户界面,方便用户更加直观地获取货物,运送状态及相关贸易文件的信息;同时,平台还实现了依据里程碑事件进行结构/非结构共享的功能。平台能够将各项贸易文件与货物运送的里程碑事件相关联,对已结构化的文件提供PDF格式的文件。平台的安全性也通过区块链的通道隔离特性而得以保障。

3. 案例价值与成效

通过基于区块链技术的数字化解决方案替代人工及纸质文档，TradeLens 整合了包括货主、港口运营商、多式联运运营商、海关和航运公司在内的全球供应链生态系统的数据，平台的出现不仅降低了人为处理单据时的错误量，实现了全流程无纸化及数据公开透明可追溯，还大幅度降低了政府等机构的监管成本。

TradeLens 项目于 2018 年启动，截至 2021 年 6 月，已有 300 多个组织机构加入，包括航运公司 10 余家，涵盖 600 多个港口和码头的数据。TradeLens 贸易透镜™已经跟踪了 4200 万集装箱的运输、22 亿个事件和大约 2000 万个发布的文档。

（案例来源：中国工商银行，来源于网络）

2.6 物流服务

· 国内典型案例

【案例十八】 京东物流区块链物流征信解决方案

1. 案例背景及解决痛点

传统物流征信体系依赖大量的中心化征信机构（以金融机构为主）收集信用信息，信息维护成本高、传递链条长、更新速度慢。同时，各中心化征信机构所形成的数据壁垒，难以实现信用数据共享和验证，也难以对物流征信相关的安装服务商和物流服务商开展公开透明的信用评级。

随着区块链技术的发展，学术界和企业界开始将该技术应用于信用问题的研究中，国务院也多次提出促进区块链、人工智能等前沿技术的发展，建立新型社会信用体系，物流征信是我国社会信用体系建设的重要组成部分，基于区块链技术的征信系统研究和实践有助于为行业提供高信任的物流征信服务。

2. 案例内容介绍

京东物流作为发起方联合行业内的物流企业基于区块链技术搭建征信联盟链，参与方作为区块链节点加入网络（见图 2-24）。各个节点既作为数据提供方，也作为数据使用方，各个商家的原始数据均保存在自己的中心数据库，只从中提取少量非敏感摘要信息，通过区块链广播，保存在区块链中。当某一商家对另一商家的信用数据有查询需求时，首先查询自己所在节点中公开透明的摘要信息，通过区块链转发查询请求到数据提供方，在获得工程师授权，并收到数据查询方支付的费用后，从自己本地的数据库中提取详细的明文信息给查询方。

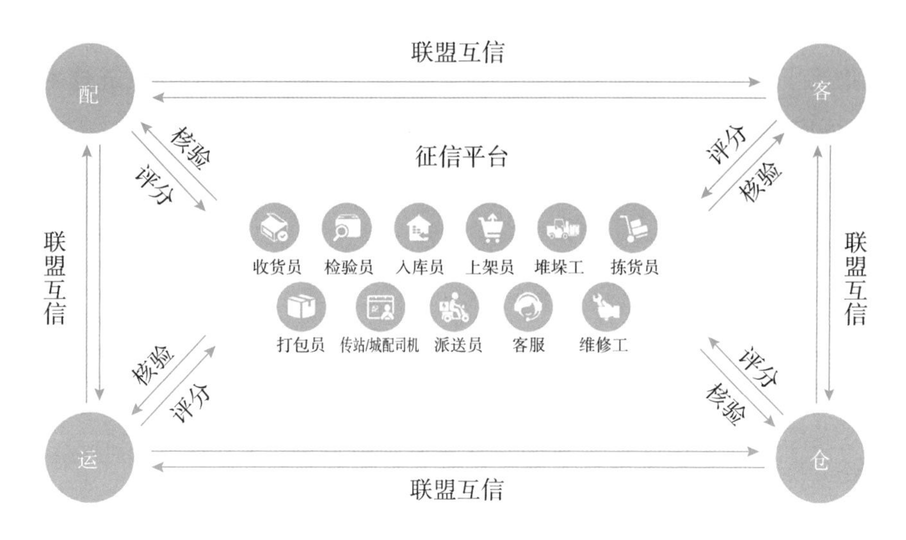

图 2-24　基于区块链的物流征信信息平台

利用区块链技术为每个参与主体构建一个区块链数字身份，将这个数字身份关联到 CA 证书，这样数字身份在参与社会活动时具备法律效应（见图 2-25）。利用信用钱包将数字身份关联的属性进行定义，利用权威机构进行背书，例如：张三定义一张身份证，通过权威机构进行认证后，将认证信息加密后写入区块链存证。当第三方需要验证张三身份时可以通过授权的方式进行验证。同样，从业资格证也可以利用相同的手段去建立。

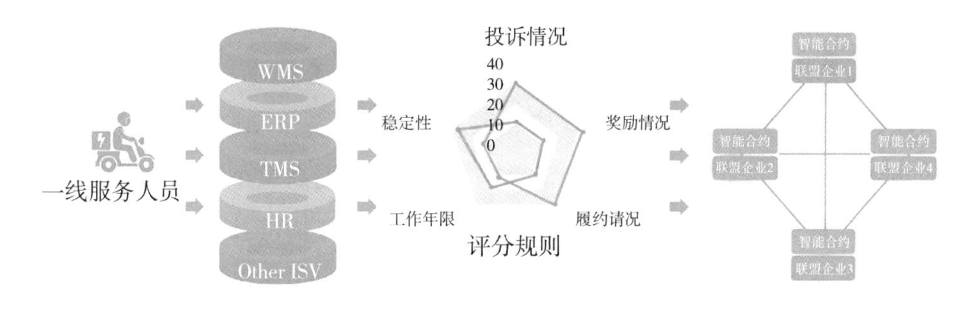

图 2-25　征信评级标准化

3. 案例价值与成效

京东物流打造基于区块链的物流征信信息平台，为供应链参与方（个体、组织、智能设备）提供多角色的分布式可信身份服务。基于国家/行业/团体联盟的征信评级标准，构建物流快递征信评级体系。利用数字钱包作为激励载体，构建个人征信类数据资产，并在区块链网络进行确权流通。实现数字经济的价值链超越单个公司的边界，而演变成一个价值网络，让客户自主选择放心的服务人员，让企业留用能力、职业道德更高的职员，也让综合素质更强的服务人员有自己的用武之地。同时利用积分体系建立激励机制，提升一线的服务质量。未来京东物流会联合征信协会、物流+区块链技术应用联盟的企业共建行业标准，基于区块链技术搭建去中心化的可信服务体系，建立诚信阳光的物流供应链协同环境。

（案例单位：京东）

2.7 数字农业

· 国内典型案例

【案例十九】 域乎—上海农业联盟链“上农链”

1. 案例背景及解决痛点

当前我国农业产业链面临的一大挑战是信息不对称问题。农业产业链长，涉及环节和主体多，从生产商、服务商、加工商、仓储物流商、渠道商、到销售商和消费者，从农场到餐桌，分布分散，因为农产品本身的非标准化属性，信息化程度低，数据收集难度大；链条上各环节都是信息孤岛，出于安全与隐私考虑，难以协同和共享数据；链条上不同环节又分管于不同的政府部门，监管难度大。因此，农业产业链上的信息不对称表现在多个层面，如生产商与消费者之间供应链上下游主体之间以及政府不同管理部门之间等等。

区块链技术是一个分布式的共享账本和数据库，它具有去中心化、不可篡改、全程可追溯、集体维护、公开透明等特点。区块链应用于农业，其最大的价值在于可以串联起分布分散的信息孤岛，保障在有授权、保证安全和隐私的前提下，实现数据的高效流通与共享，最大限度地消除信息不对称，提高整个产业链的信息透明度和及时反应能力，从而实现整个产业的增值。同时，区块链技术的加密算法和智能合约能够实现数据的确权，从而为将来数据的资产化以及交易变现提供基础支撑，进一步帮助实现数据的商业价值。

2. 案例内容介绍

农业 1.0 时代为体力劳动为主的小农经济时代，农业 2.0 时代是以机械化生产为主，适度经营的“种植大户”时代，到了农业 3.0 时代，则是以现代科学技术为主要特征的农业时代，而我们正在迈向的农业 4.0 时代，却是融合 A(AI)、B(Block Chain)、C(Cloud)、D(Big Data)技术，高度精准化、智能化、生态化的数字化农业时代。

域乎—上海农业联盟链（以下简称“上农链”）是走向农业 4.0 时代具有重大意

义的里程碑式的产品，它利用区块链和物联网技术，基于云平台架构，围绕“管人”“管事”“管物”“管财”四大核心业务开发了智能化农场管理平台，基于PC端、钉钉小程序和微信三大客户端，实现高效协同智能管理的同时还实现农场经营管理真实数据的收集和上链。

此外，上农链还利用二维码技术和区块链技术结合，形成独特的区块链二维码。有效打通产业链条上的数据孤岛，在保证隐私的前提下实现全程数据共享，跨越生产方、物流方、渠道方、零售方、监管方、服务方以及消费者，实现一物一码(或一批次一码)的全流程可信追溯。

上农链的目标客户非常广泛，覆盖了农业产业链中的生产、流通、金融服务等各个环节，个体农户、大型农场、农资公司、银行、保险公司等都是潜在的需求方(见图2-26)。

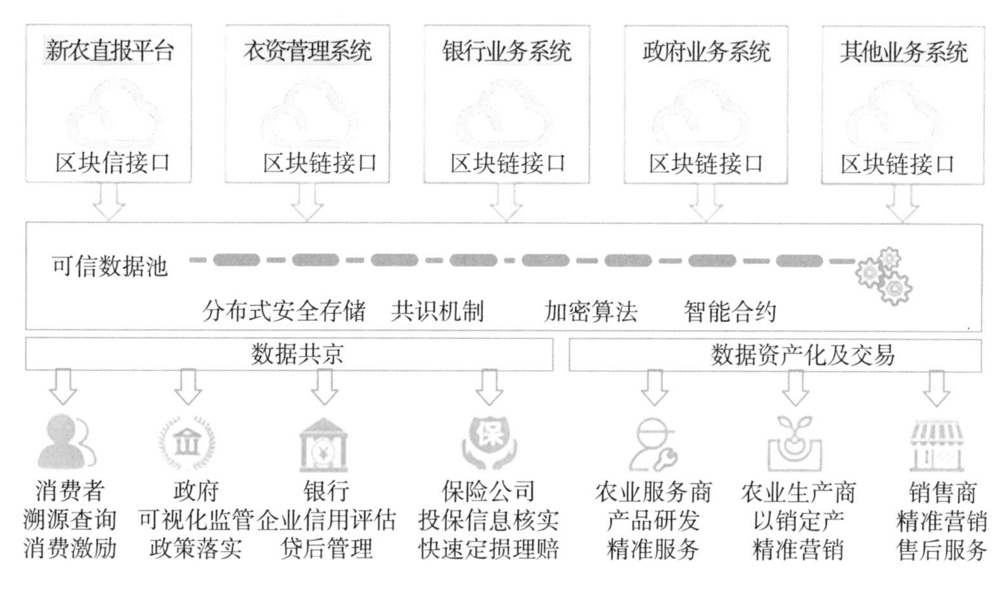

图2-26 农业金融服务(数据共享服务)

3.案例价值与成效

上农链旨在串联上海农业产业生态等各种涉农资源方，立足长三角，辐射全国。截至目前，域乎科技自主研发的上海农业联盟链已在上海实现全面商用落地。上海农业联盟链已部署完成六大主体节点，初步形成了农业数据共享生态圈。

六大主体节点分别是：管理节点——农发促进中心等政府管理部门；应用节点——上海歆香蔬果专业合作社等农业企业、新农直报平台、金融机构、保险公司；技术节点——上海域乎信息技术有限公司。此外，还有第三方节点：上海乡村产业行业协会等协会组织。

上农链有效打通上海农业产业链条上的数据孤岛，保证隐私的前提下实现全程数据共享，跨越生产方、物流方、渠道方、零售方、监管方、服务方以及消费者，实现一物一码（或一批次一码）的全流程可信追溯。并通过多个网络渠道全面展示给消费者，显著提升了用户信任体验，同时也为企业供应链全流程信息管理提供了有力的安全保障，实现了利益相关方的收益最大化。

以此项目为契机，引导推动地方乃至全国区块链技术在农业场景的落地应用，创新区块链＋农业产业链模式，发挥地方在区块链技术研究、创新应用以及产业服务方面的引领示范作用和市场优势，推动以区块链技术为代表的新兴技术全面地赋能实体经济发展并且拓展融合应用，为农业实体经济赋能、为民生服务。

（案例来源：上海域乎信息技术有限公司）

【案例二十】 碳中和数据服务平台

1. 案例背景及解决痛点

2020 年 9 月 22 日，国家主席习近平在第七十五届联合国大会一般性辩论上的讲话中宣布，中国将提高国家自主贡献力度，采取更加有力的政策和措施，二氧化碳排放力争于 2030 年前达到峰值，努力争取 2060 年前实现碳中和。[①] 2021 年 2 月 18 日，浙江省数字化改革大会，明确了数字化改革定义、改革重点，提出加快构建“1＋5＋2”工作体系等重点任务，搭建好数字化改革“四梁八柱”。

在碳中和与数字化改革双重背景下，建立适应中国特色社会主义新时代碳中和工作需要与数字化改革相结合，数秦科技开发碳中和数据服务平台，帮助地方政府建设碳中和数智大脑，通过数字化改革手段，协助地方政府摸清碳排放、碳减排及碳汇资源三组数据家底，充分挖掘数据应用功能和价值链，以此驱动治理方式重构，推动节能减排。

2. 案例内容介绍

碳中和数据服务平台主要包括数据仓、智能分析中心、“一张屏”三个组成部分：

碳中和数智大脑双碳数据仓：聚焦碳排放、碳减排、碳汇三大重点数据应用，包含大数据存储管理和物联网数据管理的建设；以实现数据采集、数据汇聚和智慧大脑模型建设，按不同需求自动生成各类生产报表，为区域各项业务集成、开发、治

①习近平在第七十五届联合国大会一般性辩论上的讲话[EB/OL].(2020-9-22)[2022-11-12].http://www.cppcc.gov.cn/zxww/2020/09/23/ARTI1600819264410115.shtml

理、服务提供有效数据支撑。

碳中和数智大脑智能分析中心：着力打造碳达峰碳中和智能分析中心，建立碳达峰碳中和数智体系，绘就碳达峰碳中和智治地图，即时评估产业转型升级、能源结构优化、能效提升，加强监测预警、评估考核。

碳中和数智大脑"一张屏"：实现整个区域碳排放、碳减排、碳汇及达峰中和情况一屏掌控、一键直达，支撑主管部门及时准确获取关键指标数据，实现数字政府与"双碳"目标的高效融合。

3.案例价值与成效

(1)社会效益。在2030年前碳达峰，2060年前碳中和的远景下，以平台为依托，摸清区域碳家底，探索区域碳达峰、碳中和的路径，制定区域的碳达峰、碳中和目标，从而推进区域碳减排，推动能源结构、产业形态、生产生活方式发生深刻变化。

建设碳中和数智大脑，为区域政府、居民、企事业等单元提供全区碳排放、碳吸收、碳达峰分析、碳中和分析等情况，可以帮助地方政府实现社会碳排放意识提升，助推全民参与碳达峰碳中和，提升政府治理水平，促进能源新业态、新模式发展与产业聚集，推动能源行业转型升级、推动社会节能减排、促进能效提升，贯彻绿色化、生态化发展理念。

(2)管理效益。碳中和数智大脑以碳排放、碳减排、碳汇源三组数据为基础，实现区域内碳排放、碳减排、碳汇源数据的掌握的效果，可以使政府、企业和公众能对区域内各排放源的排放、碳减排、碳汇源情况的充分了解，有效促进社会数据智慧运营，提升数据管控水平，充分挖掘数据应用功能和价值链，从而为驱动政府治理方式重构、推动节能减排政策制定等提供真实有效的数据支撑，实现城市能源由点到线，由线到面的系统管理。治理者只有全面掌握家底，以智慧管理平台为技术支撑，才能科学决策、精准施策，最终实现人民群众对美好生活的愿景。

(3)经济效益。通过搭建碳中和数智大脑，孵化服务于数字政府建设、服务于社会治理、服务于民生发展等方向的数据产品，提升碳排放、碳减排、碳汇源大数据价值，赋能政府数字化改革，提升政府数据运营水平，推进数字政府建设、促进数据增值变现，以数字政府撬动数字经济、数字社会建设，打造数字化治理先行区。

从现实意义来说，减少碳排放，实现碳中和并不意味着产出的降低。碳中和这一目标推动企业在工艺、技术方面转型升级，实现高质量发展。据国际可再生能源署预测，即使依照上升幅度控制在2摄氏度以内这一目标努力，到2030年，可再生能源、建筑、交通、垃圾处理等绿色经济相关行业也可以为中国带来约0.3%的就业率提升。

（案例来源：浙江数秦科技有限公司）

【案例二十一】 综合应用：数字农业产业平台

1.案例背景及解决痛点

“数字农业”是“数字经济”在农业垂直领域的延伸，是利用信息技术整合而成的数字化系统，以使用数字化的知识和信息作为关键生产要素、以现代信息网络作为重要载体、以信息通信技术的有效使用作为效率提升的重要推动力的一系列农业生产经营活动，从而实现农业产业链效率和效益的提升。但由于我国农业产业链条长、生产经营分散，数字农业的发展面临很大的挑战，所以构建产供销一体的数字化农业产业，实现从生产、管理到物流、销售的全链路数字化升级成为数字农业发展的首要目标。

区块链技术可以助力构建数字农业产业全链路，保障整个产业链条的公开、透明，使农产品从生产到销售的各个环节都有迹可循，让整个产业链更高效地运行。此外，结合使用区块链技术搭建跨层级、跨部门、跨区域的数字农业管理平台，能够为省、市、区各级农业部门及企业提供新的协同平台和基础设施，从而解决数据安全可信问题，推动实现数字农业数据共享。区块链与数字农业的融合应用已经成为我国发展数字农业的重要战略之一。

2.案例内容介绍

浙江数秦科技有限公司的数字农业平台以“区块链＋大数据＋物联网”为三重驱动引擎，围绕农业生产、供给、消费、监管、服务五大场景，以数字技术赋能现代农业为实现路径，为农户、农企、消费者、农业管理部门和农业科研机构提供全方位的可信跨域协作生态，实现农业业务多元化、管理智能化、产业融合化。目前已为多地的现代农业园区提供综合性的方案及技术支持。

(1)精准种植。以区块链技术为核心，结合农业物联网、农业大数据、人工智能等技术，建立统一的智能工作体系和远程管理机制，实现统一的数据信息平台与组织管理协调架构。基于物联网设备等采集的数据源，区块链可以实现种植过程数据的精确上链记录，并保证其不可伪造。利用农业测控设备对灾情、苗情、病虫情、土壤情况等多方数据进行监测，实现精准种植、灾害实时预警等。

(2)农产品溯源。借助区块链技术确保数据真实性、不可篡改和可追溯性，为后续的终端农产品溯源提供依据，降低数据评估和使用的风险和成本。依托数字农业平台精准种植体系，赋能农产品直销定价过程，并为其形成高溢价的信用背书基础。农产品分销产业链全过程实现各维度信息存证，保证渠道商品可溯可验。

(3)一棚一码低碳管理。构建一棚一码低碳管理平台，通过对农产品的碳汇进行计算，了解其在种植、生产过程中的碳汇数据，农户可以为农产品大棚申请碳标签，结合数字公证技术，为每一个大棚“贴”上碳标签，以及为每一个农产品“贴”上农产品碳标签，提升农产品附加值。通过全产业链条“碳汇溯源”，让消费者通过碳标签快捷查询当地农产品的全程碳汇数据，帮助消费者进一步理解“低碳”理念，方便消费者选购“低碳”的优质农产品。同时针对农产品的分类与碳汇数据管理分析，政府端可以实现各类产品最终碳汇数据的对比，帮助政府发现更多优质“低碳”农产品。

(4)区块链耕地流转信息管理。区块链耕地流转信息管理以“云设施、数据采集设备、链节点”为基础设施，实现耕地占补平衡指标管理、设施农业用地管理、耕地破坏鉴定管理、数据质检软件、补充耕地项目管理、指标监测、永久基本农田动态监管、移动核查以及数字征迁监测管理等；另外应用场景方面还涉及和其他系统的业务协同，包括相关业务系统以及行政审批系统等。

(5)数农链与大数据底座。聚焦农业物联网数据、农业低碳数据、耕地流转数据三大重点数据应用，包含大数据存储管理和物联网数据管理的建设；以实现数据采集、数据汇聚和农产品碳汇模型建设，按不同需求自动生成各类生产报表。依托区块链技术，将农业大数据全面上链存证，即在数农链上存证。

利用区块链的技术特性，以“一数一源”为原则，在数据资源层杜绝数据集成。在数据底座中加入区块链技术，从构建模式上彻底解决数据孤岛的问题，跨领域、跨部门横向打通数据。

通过部署区块链节点，实时同步活动数据。不仅是结果数据，还包括业务过程数据，而非基于事后的整合和集成，实现数据的流通，与业务流程紧密结合，形成闭环。

(6)数字农业产业应用服务平台。将数农链与产业应用侧相关系统进行对接，实现核心数据的互信、互验、互用，进而打通农业上层各产业壁垒，实现全面跨域融合。通过构建数字农业产业应用服务平台构建现代农业管理新模式，包括物联网园区种植管理平台、交易称重学习通、现代农业园区销售展示小程序、大棚物联网应用、大田物联网应用等建设内容。

横向上，突破了仅仅对单一业务应用的支撑，强调了多应用的构建、支撑与管控;纵向上,对底层的网络层和基础设施层进行一体化管控。最终实现用户访问、业务应用、支撑平台、基础设施层、网络层的纵向一体化和横向协作化。

3. 案例价值与成效

通过智慧农业物联网的建设,实现资源贯通整合,提升招商引资力度,提高农业快速转型,帮助建立统一的智能工作体系和远程管理机制,提高管理效率。

建立统一的数据信息平台,做实时数据的收集和管控;建立统一的组织管理协调架构,通过云平台的整合,形成一个紧密联系的结合体,获得高效、协同、互动、整体的效益。

利用天空地一体化的观测或感知技术,准确、及时、完整地获取大田作业单元的土壤、气象、水文等环境数字信息,因地制宜进行作物种植和结构调整;实时监测农田生产状况,根据各因素控制作物生长中的作用及其相互关系,精准调整土壤和作物农艺管理措施,最大限度地优化水、肥、种子、农药等使用量和时机。与传统的农业生产相比,更加合理利用农业资源,节省大量的人力、物力,降低生产成本,提高农作物产量和质量,提高农民收入,经济效益十分巨大。

(案例来源:浙江数秦科技有限公司)

【案例二十二】 趣农道

1. 案例背景及解决痛点

2021年中央一号文件《中共中央 国务院关于全面推进乡村振兴加快农业农村现代化的意见》,是连续第18个以“三农”为主题的中央一号文件,体现出党和政府对农业发展问题的高度重视。文件指出:走中国特色社会主义乡村振兴道路,加快农业农村现代化,加快形成工农互促、城乡互补、协调发展、共同繁荣的新型工农城乡关系,促进农业高质高效、乡村宜居宜业、农民富裕富足,为全面建设社会主义现代化国家开好局、起好步提供有力支撑。

乡村振兴战略深入实施,推动我国农业进入高质量发展新阶段,通过数字乡村产业公共服务平台为农业农村生产经营、管理服务、产业协同等难点痛点解决问题,助力数字农村高质量发展。运用信息化的方式,跟踪记录生产经营主体、生产过程和农产品流向等农产品质量安全信息,满足监管和公众查询需要。利用农产品追溯服务,规范企业生产经营活动,实现农产品来源可追溯、流向可跟踪、风险可预警、产品可召回、责任可追究,有效促进农业绿色生产,保障公众消费安全、食品安全。并通过生产加工过程的追溯,为乡村农产品的品质升级和品牌建设有了具体的抓手,并促进一二三产业的有机融合。挖掘利用追溯数据资源价值,推进农产品质量安全监管精准化和可视化，提升农产品质量安全预测预警。借助数字化技术减少金融服务中的信息不对称，精准匹配资金需求，降低农民和新型生产经营主体融资门槛，缓解农村融资难、融资贵、融资慢等问题。

2. 案例内容介绍

“三农”的发展一直是党和人民关注的重点，政府有大量的资源和资金的投入，激发农民和企业的活力，提升农民农产品质量和收益。数字乡村产业公共服务平台，旨在通过技术将资源串联，通过物联网技术将农产品与标签关联实现商品的数字化，通过区块链技术将社会参与各方连接建立多方互信、价值共享的体系，实现一个流通顺畅、真实可信的低成本价值流通体系（见图 2-27）。共同构建一个产业数字底座，将资源服务化、商品数字化、管理精准化。

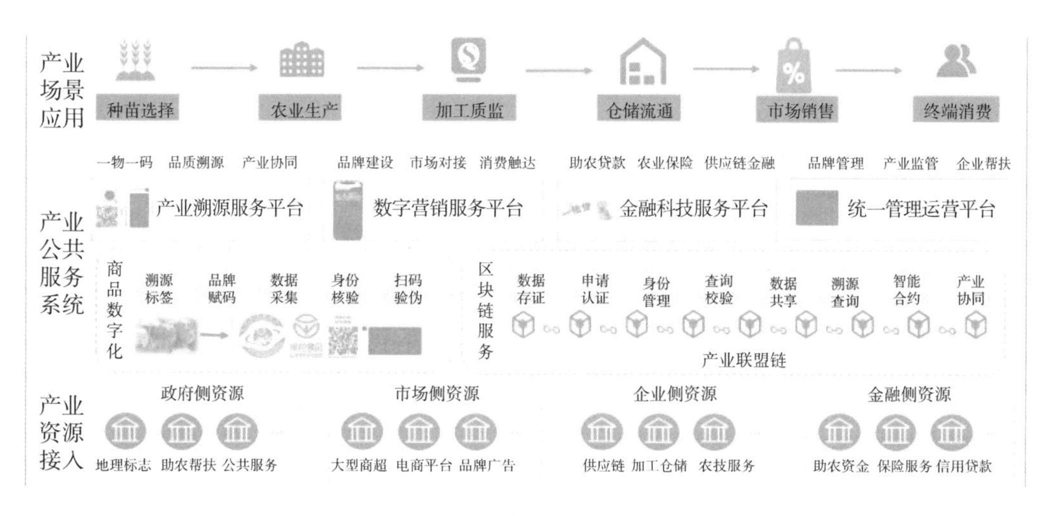

图 2-27　趣农道数字乡村综合服务平台

平台主要通过产业溯源服务平台、数字营销服务平台、金融科技服务平台、统一管理运营平台实现对产业各环节的服务和统一管理，为乡村农业主体提供产业溯源服务、金融科技服务以及数字营销服务。

通过将农产品生产的相关数据与溯源码关联，结合区块链服务实现链上溯源服务。利用区块链节点多中心化、分布式存储、不可篡改等技术特点形成信息的高效同步和多方背书机制，形成区块链全链条管理体系，保证供应链上的产品生产及可延伸的加工、包装、流通、检测等各个环节上链数据真实可靠，实现消费者农产品溯源查询、生产者溯源管理、监管者溯源监管以及标准化数据接口和农业生产数字化管理系统对接。

为特色农业产业提供金融服务，依托产业溯源服务实现生产数据实时接入链上存证，建设过程中集成大数据智能分析、第三方身份认证及电子签章技术，强化大数据征信能力，结合智能风控规则模型，打造一个流程驱动、科技融合、大数据风控、精准融资的金融科技服务平台，为乡村产业提供完善、稳定、可靠、先进的金融科技服务。

通过建立数字化营销服务体系，构建基于溯源码的“码上营销”通道，将农产品与消费者建立触达的桥梁，加入到产业溯源服务中的每类农产品与企业都可以通过“码上营销”系统与消费者互动建立私域流量。通过与电商、商超等平台对接，为农产品的销售寻找稳定的出口，并通过一系列的运营与市场化运作树立区域公共品牌。

3.案例价值与效果

运用数字化能力为产业赋能。通过区块链＋物联网实现商品的数字化，为农产品构建了身份码，对农产品生产、加工、流通、销售全周期的信息归集，为产业各环节对农产品的品质和价值加工提供了统一的协同工具，提高的产业协同的效率，依附产业链数据为农产品的营销提供了品牌建设数据保障，为金融助力产业发展提供了信用保障。

运用数字化能力为管理赋能。目前在对农业的全流程管理抓手欠缺，市场向无序的生长方向发展，通过对资源的归集，形成公共化服务，对涉农企业和农户提供直接的帮助，也为灵活的产业做好整合，通过数字化能力对产品的品质和产量、销售的流向和市场价格，都有了精准的感知。为产业决策提供有效市场导向，助力产业走向振兴。

运用数字化能力为品牌赋能，推动农民进行品质的管控和品牌的建设，通过建设公共化服务能力和产业资源去吸引农民参与共同建设品牌，结合市场监管和各种配套政策以及数字化的工具共同打造品牌。通过品牌的数字化管理促进品牌品质提升、提升消费者信赖度、提高市场销售能力，最终实现品牌对产业的赋能。

（案例来源：杭州趣链科技有限公司）

· 国外典型案例

【案例二十三】 IBM食品溯源认证区块链工具IBM Food Trust

1.案例背景及解决痛点

在构建全球化新型农产品供应链的生态背景下，消费者越来越注重了解农产品从生产到销售的整个流程信息。通过区块链技术构建新型农业溯源体系，使得供应链上各个环节主体参与体系建设，利用区块链不可篡改的特性，保证农产品从产地到消费者全程可追溯、可控制。目前,国外企业已有对应的落地应用,如IBM推出的食品溯源认证区块链工具IBM Food Trust,已经可以对数百万种食品进行溯源。

IBM Food Trust是一个协作网络,包括种植者、加工商、批发商、分销商、零售商和其他方,有助于提高整个食品供应链的可视性和可追责性。该解决方案基于IBM区块链而构建,通过食品来源、交易数据、加工细节等方面经过许可、不可变更的共享记录,将所有参与者密切联系起来。

2.案例内容介绍

如今,咖啡已经成为世界消费量最大的饮品之一,在接受调查的消费者中,多数人表示更喜欢购买那些可持续种植和来源可靠的咖啡。对此,国际认证机构虽然做出了努力,但是咖啡种植户依旧难以扩展咖啡销售渠道,消费者也难以保证购买到来源可靠的咖啡。

针对这一问题,Farmer Connect(一个致力于提高农业供应链透明度和可持续性的组织)借助IBM Food Trust区块链技术,推出了一款名为"Thank My Farmer"的应用,消费者可以通过该App更加了解自己购买的咖啡豆。该App为消费者提供了一个交互式地图,通过扫描QR码,消费者可以直接进入产品页面,看到自己要喝的咖啡的详细信息,显示咖啡到手之前的所有途径渠道。此外,咖啡农的数字身份还包含凭证和该咖啡农向交易者出售咖啡的数字记录,交易者可以直接通过App与咖啡农确认咖啡价格、数量和质量,并发送数字凭证,咖啡农接受并确认交易信息后,会创建生产和收入的数字信息,并记录在IBM区块链上。消费者还可以选择向咖啡农捐款,目的是为咖啡消费者、咖啡农和其他参与者创建一个可持续发展的生态系统。

3.案例价值与成效

IBM Food Trust通过从采摘咖啡豆那一刻开始进行跟踪,提供咖啡变为饮品整个过程的可验证记录,帮助Farmer Connect增加信任,使得咖啡的未来具有可追溯性。消费者可以追踪了解所购买咖啡的各个环节信息,为咖啡增加了价值,咖啡农也可以通过区块链技术确保参与供应链来增加收入。

此外,区块链结合物联网技术监测并存储作物质量数据,从根本上改善了农业经营的运作方式,咖啡农比以往更深入地了解最有利于高产、平稳运行和风险降低的条件,能够最大限度地提高其可控的产量。

(案例来源:浙江数秦科技有限公司,来源于网络)

2.8 普惠金融

· 国内典型案例

【案例二十四】 中国工商银行数字乡村综合服务平台

1. 案例背景及解决痛点

习近平总书记指出“农业农村农民问题是关系国计民生的根本性问题，必须始终把解决好‘三农’问题作为全党工作重中之重”。[①] 2021年中央一号文件《关于全面推进乡村振兴加快农业农村现代化的意见》提出“2021年基本完成农村集体产权制度改革阶段性任务，发展壮大新型农村集体经济；县域作为城乡融合发展的重要切入点，把乡镇建设成为服务农民的区域中心；发展农村数字普惠金融，鼓励开发专属金融产品支持新型农业经营主体和农村新业；加强农村产权流转交易和管理信息网络平台建设，提供综合性交易服务。”

各项改革和监管要求一方面将农村“三资”的管理权下沉至农村集体经济组织，另一方面催生了农村主管部门对行政末梢的监管需求。全国共有集体土地总面积65.5亿亩，账面资产6.5万亿元，涉及5695个乡镇，60.2万个村集体，集中体现了“金额巨大、种类庞杂”的特点。各地农业农村主管部门密集出台相关落实文件，要求加大对农村集体“三资”的监管力度，对农村集体产权交易、物权抵押、村级集体资金收支、村级财务业务操作等关键环节进行监管，杜绝“小官巨贪”“权力出笼”等“微腐败”现象发生。

该平台有效协助政府部门解决如下痛点：

一是针对普遍存在的农村集体资产家底不清、账实不符、产权不明、处置不当、流失严重等问题，平台通过搭建农村集体三资数据可视化系统和全链路的数据采集平台，助力构建归属清晰、权责明确、保护严格、流转顺畅的农村集体产权制度，协助政府部门建立阳光透明、触手可及的闭环管理体系。

二是针对农村资产要素供需信息难以流通匹配、土地流转价值估计偏离、签订合同缺乏有效规范等问题，平台依托“一触即达”的信息撮合优势精准匹配交易对象，提供农村产权交易和农产网络销售渠道，以数据驱动乡村高质量发展，激活主体、激活要素、激活市场，实现农业增效，农民增收。

---

① 习近平在中国共产党第十九次全国代表大会上的报告[EB/OL].(2017-10-28)[2022-11-12].http://cpc.people.com.cn/n1/2017/1028/c64094-29613660-7.html

三是针对村务公开不规范、民主管理执行不到位、村级行政权力缺乏有效监督等问题，平台依托对乡村政务和村民及组织信息的精确上图，通过建立起公开、透明的共建共治共享的智慧政务体系，提高乡村施政的公平和效率。

四是针对农村贷款难、贷款贵、贷款繁的痛点问题，平台建立数字尽调机制，采取“信用＋产权抵押＋供应链”的组合授信模式，协助做好农民群体的信用体系建设，扩大普惠助农服务半径，为农民提供足不出户的金融服务。

2. 案例内容介绍

“数字乡村综合服务平台”由中国工商银行联合多方合作共建，采用业界领先的 SaaS 云建设理念，创新应用区块链、API 服务、人工智能、云计算等技术，打破传统银行金融服务边界，实现对三资数据的“层层穿透、可视监管”，平台覆盖“PC 端＋移动端＋自助终端”全渠道，实现“省市县乡村”的“五级监管模式”，通过“一站式受理”的服务方式，为农业农村全场景群体提供近百项产品服务。

平台实现四大场景：助推农村集体产权制度改革、盘活农村资产资源、创新智慧村务运营、打造惠农便民服务的全面覆盖；达到首创“区块链＋农村三资”应用方案及首创“五级穿透”的服务模式；实现第一家数字＋乡村云部署服务平台、第一家上线银农直联服务、第一家发行智慧三农公务卡的服务成效。推动银行金融服务与农村集体组织智慧运营的有机结合，让手机成为“新农具”、数据成为“新农资”、农民成为“新农人”。平台业务流程见图 2-28。

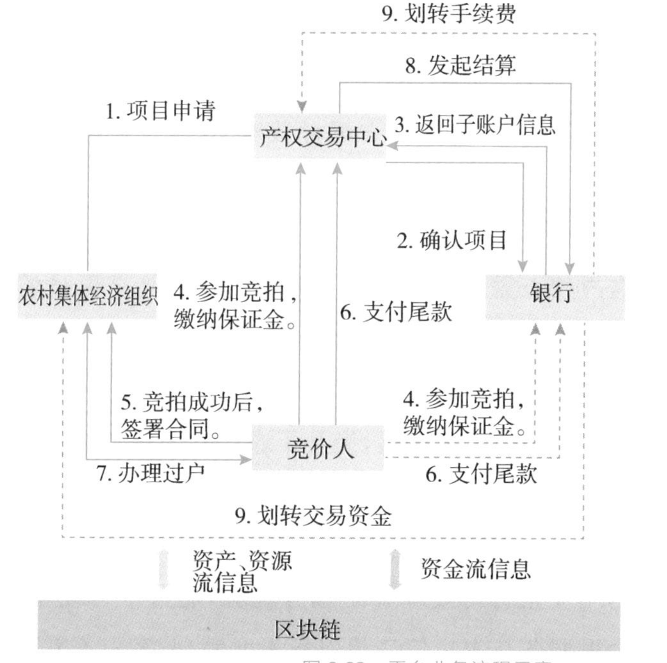

图 2-28　平台业务流程示意

该平台具备以下亮点优势：

(1)产品模式领先，树立同业代差级优势。平台相较同业竞品在功能设计、交互体验、业务覆盖、服务客群等方面拥有多项领先优势。与同业主要聚焦本地化开发、村级财务管理、土地确权等单一功能和开发模式不同，积极秉承SaaS云建设理念，创新应用多项新技术，在场景中嵌入金融服务，在金融中定制专属服务，并在业内首创覆盖"省市县乡村"的"五级监管模式"，实现对三资数据的"层层穿透、可视监管"，打造了农村三资领域覆盖场景最广、服务半径最宽的"一窗受理"式智慧服务平台。

(2)系统安全可靠，提供云端盾牌级防护。平台部署在工商银行金融生态云上，拥有国有银行强大科技力量支撑，提供"金库"级别的安全体系，具有等保四级安全认证(民用领域最高等级)。与市场上三方公司产品部署在阿里云、金山云等公有云上相比，客户数据更加安全可靠，尤其是在当前复杂国际形势下，有国际资本参与的公有云存在较大风险。同业首创"区块链＋农村三资"的解决方案，充分利用区块链的去中心化、信息不可篡改、公开透明、可信任等技术优势，在产权真实性、身份验证、交易数据存储等领域发挥重要作用，解决资产信息不对称、资金管理信息分散、信息孤岛等行业痛点，有效加强多方信息的安全、互信机制，提升用户体验，降低交易成本，提升监管机构对数据的高效监管。

(3)服务即插即用，支持全链路快速覆盖。平台聚焦农业主管部门、村集体和村民之间管理和服务环节的传导链条，自上而下地将应用场景拓展至农村集体三资监管、财政补贴发放、股权分红、农产销售、惠农金融服务等强关联性业务，实现对农村全部客群的有效延伸，通过"强耦合性"的合作模式始终保持平台活跃度。同业普遍倾向于村民合作，产品推广力度、各方配合程度、业务覆盖幅度均较工商银行存在较大差距。

(4)聚焦核心需求，发挥"重要窗口"作用。在货币电子化、金融移动化、管理信息化的发展趋势下，覆盖客户核心需求的线上平台对农村客群具有更强的吸引力和不可替代性。建设银行"裕农通"践行普惠金融理念，定位于"将银行开到村口"，将村口的小卖部、超市等场所拓展为线下服务点，布放移动金融服务设备，提供基础转账取现服务，实现了网点功能的下沉拓展，提升了农民群众对金融服务的可获得感。

(5)发挥金融赋能，提供"一站式"解决方案。在充分满足农村客户经营管理等弱金融属性需求的基础上，工商银行可发挥金融服务优势，通过平台统一加载、贯通各类金融服务，将优质金融服务与农村信息化服务深度融合、客户不需要与多家服务商进行对接管理，并可根据市场及客户需求持续升级迭代。

3. 案例价值与成效

“数字乡村综合服务平台”上线以来，以区块链为基础设施为监管部门、各地农业农村主管部门、广大村集体提供了可信存证服务，加强了广大农村地区资产、资源、资金的流转透明度和可追溯性。接入平台服务的政府覆盖全国31个省、181个地市，与610家区县级农业农村主管部门达成信息化合作；工商银行已与农业农村部、中国村社发展促进会、18家省级农业农村厅签署金融服务乡村振兴战略合作协议；持续服务农村农民，累计为8.3万个村集体、股份经济合作社及一亿人次农民群体提供综合化、定制化的涉农金融服务。平台实际操作使用方面，核心功能有效使用率均高达30%以上，辐射资金约60亿元。

2020年12月，该平台作为工商银行前沿科学技术的创新应用产品，获得了中国信息通信研究院“2020可信区块链峰会高价值案例”；近期农业农村部信息中心发布了“2021数字农业农村新技术新产品新模式优秀案例”，中国工商银行“数字乡村综合服务平台”成为大型银行唯一获评优秀项目。

（案例来源：中国工商银行）

【案例二十五】 荣泽区块链精准金融平台

1. 案例背景及解决痛点

在国务院关于印发推进普惠金融发展规划（2016—2020年）的通知后，普惠金融的概念逐渐在社会层面普及，但普惠金融的实施和发展仍然面临不小的困难。一是传统金融环境中只有特定阶层的人群才能享受到金融服务，包括小微企业、农民、城镇低收入人群、贫困人群和残疾人、老年人等特殊群体往往无法很好地享受到金融服务，金融服务的包容性、广泛性和可得性无法完全释放，“普”的痛点显而易见；二是作为商业化的金融机构受限于收益难以匹配成本的情况，其虽然有心面向为更广大的人群提供多种类型的金融服务，但因这类特殊群体通常缺乏全面的信用记录，此类业务无法做到有效的风险识别，服务对象的精准性难以保障，而低效的征信获取无疑将导致服务成本居高不下，与“惠”一字南辕北辙。普惠金融业务痛点见图2-29。

直面上述痛点，普惠金融的深化发展需要破局。庆幸的是，当推动金融为实体服务、优化营商环境、提升广大群众的金融获得感成为各地政府的一项重要工作内容，当“放管服”的要求推动政府部门自我变革，原本像孤岛一样散落在各部门的公民数据有了向金融机构开放的曙光，但在此过程中，如何确保公民数据的安全和隐私

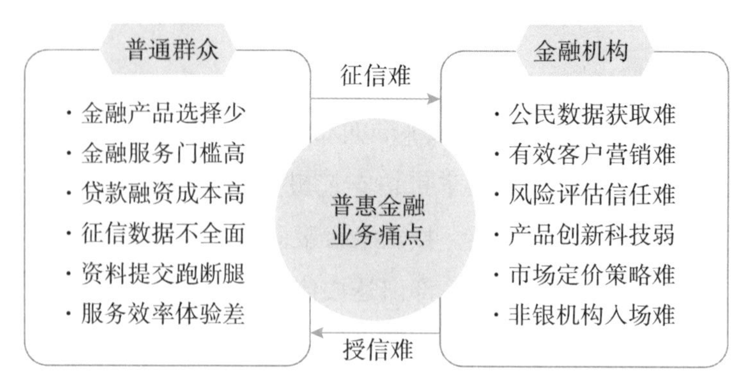

图2-29 普惠金融业务痛点

保护，如何监管金融业务的有序运行就成了支撑政务服务＋普惠金融的重要课题。

区块链技术凭借其去中心化、可编程性、开放透明、安全可靠和匿名性等独特优势，为确保公民数据安全和隐私保护，有效解决金融信任问题，降低金融交易成本，助推普惠金融发展提供了新途径。

2.案例内容介绍

荣泽区块链精准金融平台以普惠金融服务应用门户为依托，实现多重实名认证、安全私钥保障、多资产数字钱包以及各行业功能入口等功能。整合政务各类业务数据、电子证照、大额支付、安全物流以及信用采集评估等公共服务资源供各商业机构进行调用。在保护数据安全与隐私的情况下，将政务链上的全量公民与法人数据对银行有序开放，连接银行、保险、证券等金融机构，通过共识的智能合约，合法并且有监督和授权地使用数据，借助政府的数据、窗口以及信息化的基础支撑，提供精准的金融服务如房产按揭贷款、个人信用贷、企业主经营贷、智慧保险等金融相关服务。

该平台具有如下优势：

(1)支持政务开放，降低社会运行成本。通过共识的智能合约，将政务链上的全量个人与法人数据对银行有序开放，支持金融机构合法并且有监督和授权地使用政务数据，为个人和法人提供精准的金融服务。

(2)有效连接社会公共服务，提高办事效率。以制度信任为背书，制定了部门间的共享规范和多级共享平台直接的对接标准，明确了数据拥有者、数据使用者和运营平台的权利责任，有效连接政府部门与金融机构之间的可信协同，驱动金融业务有序流转，由此免去了个人和法人资料提交“跑断腿”的情况，促使各机构提高办事效率。

(3)促进金融服务机构实现业务创新。该平台基于区块链技术，高度融合了政务信息、公民信用与金融业务的关系,加强了金融服务机构与客户的互信连接,优化了企业主信用贷款、存量房按揭贷款、个人小额贷款等传统业务流程,同时也为小微企业、农民、城镇低收入人群、贫困人群、残疾人、老年人等特殊群体提供了有针对性的金融产品。

3.案例价值与成效

荣泽区块链精准金融平台利用区块链天然可信的账本数据和不可篡改的技术特点,在真实电子证照数据的基础上,通过智能合约建立风控模型,可以较好地解决普惠群体缺少真实可信的正规财务数据和可抵押资产匮乏的问题,推动普惠金融服务的征信体系建设,进一步推进普惠金融的深化发展。一是通过点对点可信网络,共建开放平等的业务协同生态。利用区块链联盟链的特性,支持银行、保险等机构低成本快速接入,借助智能合约实现部门间无障碍访问。二是实名授权访问,强化个人隐私保护。用户个人授权控制数据查询权限,利用区块链非对称加密技术以及不可篡改,可追溯的特性,保障数据隐私安全,即使发生数据泄露的情况也无法解析。确保提供可授权、可验证的数字身份基础设施服务。三是开放运算服务,支持大数据分析。为参与方提供可靠数据以及开放的运算服务进行大数据分析,参与方可根据自身业务需求制定规则形成智能合约,在保证数据隐私与安全的情况下完成数据分析。

“我的南京”APP已上线使用基于荣泽区块链技术的“金融超市”应用,对接中国工商银行、中国建设银行、中国农业银行、中国银行、交通银行等18家金融机构。截至2021年6月底,个人及企业信用贷已累计放贷23.65万笔,放款金额203.4亿元。从申请到审批下款,全流程为银行节省了340日的人工成本,用户从申请到下款不超过10分钟,最快5秒审批。大幅提高市民、中小企业贷款申请效率,让银行能够在风险与成本更低的基础上,更高效地提供金融服务。

(案例来源:江苏荣泽信息科技股份有限公司,来源于网络)

· 国外典型案例

【案例二十六】 基于区块链技术的农民化肥补贴支付

1.案例背景及解决痛点

在农村金融中,普通农民想要获得贷款,难度较大,因为农民最缺乏信用抵押物。而如果有了区块链,就可以记录农业生产交易的全过程,这就天然地为农业经营主体提供了背书,贷款机构不需要银行的资产证明,或者征信公司的担保,就可以调取区块链信息，然后给予相应额度的贷款支持，农村金融就变得更加普惠。

另外，对于农业保险而言，以往遭受到农业灾害，往往会遇到赔付难题或者骗保的行为，而区块链能将这一切智能化，通过智能合约，主动识别灾害的程度，一旦需要赔付，自己就能发起流程，这样赔付的效率更高。

2. 案例内容介绍

印度最具影响力的国营智库将开展一项研究项目，探讨利用区块链技术为农民提供化肥补贴支付。印度政府的主要政策制定机构印度国家转型研究所(NITI)已与肥料巨头古吉拉特邦纳马达谷肥料化学品有限公司(GNFC)签署意向声明(SOI)，以开发在化肥行业的区块链补贴管理解决方案，使得支付给农民的补贴分配将变得更加简化，不需要文件或多个授权点。

具体而言，SOI的条款将使两个组织联合研究和开发概念验证(PoC)应用程序，以提高当前多层，多机构分销的效率。区块链解决方案还将由智能合约提供支持，以实现即时，准确的交易对账，而无需多方之间的人为监督。随着区块链技术的采用，预计分销将变得高效，补贴转移将实时自动化，一方面节省了大量时间，补贴立马就能到农民手中，提高了农业的效率；另一方面，通过区块链技术，避免了机关人员的贪污，每一笔补贴都记录在链上，每一次发放都能够查到负责人，补贴发放在阳光下进行，每一位农民也很放心。

下一步，该PoC项目将与印度的土壤健康卡计划相结合，根据土地的土壤健康向农民推荐特定的肥料。

3. 案例价值与成效

化肥补贴行业是一个价值超百亿美元的行业，基于智能合约的区块链解决方案将实现即时、准确的交易，而不需要在多方之间进行人为监督。向农民支付的补贴分配在不需要文件或多个授权点的情况下，将会变得更加合理。

（案例来源：中国工商银行，来源于网络）

2.9 数字货币

· 国内典型案例

【案例二十七】 中国法定数字货币(DCEP)

1. 案例背景及解决痛点

当前，中国经济正在由高速增长阶段转向高质量发展阶段，以数字经济为代表的科技创新成为催生发展动能的重要驱动力。近几年，中国电子支付尤其是移动支付快速发展，为社会公众提供了便捷高效的零售支付服务，在助力数字经济发展的同时也培育了公众数字支付习惯，提高了公众对技术和服务创新的需求。据2019年中国人民银行开展的中国支付日记账调查显示，手机支付的交易笔数、金额占比分别为66%和59%，现金交易笔数、金额分别为23%和16%，银行卡交易笔数、金额分别为7%和23%，46%的被调查者在调查期间未发生现金交易。可以看出，我国现金使用率近期呈下降趋势。当下在国际社会高度关注的背景下，各主要经济体均在积极考虑或推进央行数字货币研发。通过央行数字货币研发，支持数字化金融以顺应“无现金”时代的发展、提升支付体系的安全性，提升国内及跨境支付的效率、提高金融体系的稳定性、金融普惠性、融合非正规经济、打击金融犯罪以及提供新的货币政策工具等。

2.案例内容介绍

中央数字货币是数字时代一种崭新的货币形态。央行推出的数字货币DCEP(Digital Currency Electronic Payment)即数字货币电子支付。数字货币DCEP属于法定加密数字货币，是把基于国家信用的纸钞改为了加密数字串形式，致力于对流通中的现金的部分替代。

央行数字货币DCEP采用的是由“双层运营模式”和“一币两库三中心”共同配合的混合架构(见图2-30)，主要特点是“中心化发行、分布式授权、点对点支付、与区块链技术结合”。现行体系中“一币两库三中心”分别代表不同的意义。“一币”即是唯一的由央行担保并签字发行的DCEP。“两库”是指DCEP的发行库和银行库，前者是央行在数字货币私有云上存放数字货币发行基金的数据库，后者是商业银行存放数字货币的数据库。“三中心”包括登记中心、认证中心和大数据中心。登记中心主要功能组成包括发行登记、确认所属权并发布、查询网站应用和分布式账本。发行登记库进行DCEP的发行、流通回笼并处理所属权登记，继而确认所属权和发布是将等级的属权信息发布到DCEP的分布式账本；查询网站应用则依托区块链技术通过互联网对外提供所属权查询服务；分布式账本服务则确保央行与商业银行的DCEP属权信息是否一致。另外两个中心分别是认证中心和大数据中心，其主要功能是对用户身份进行认证管理，颁发证书。

中心化发行利用区块链技术的优势，与区块链技术结合，在央行“登记中心”，可用基于区块链构建的“确权链”来确认数字货币的状态，而且可以利用区块链储存多方信息，增加交易的隐私性。另外，央行数字货币具备支持有限度的可控匿名

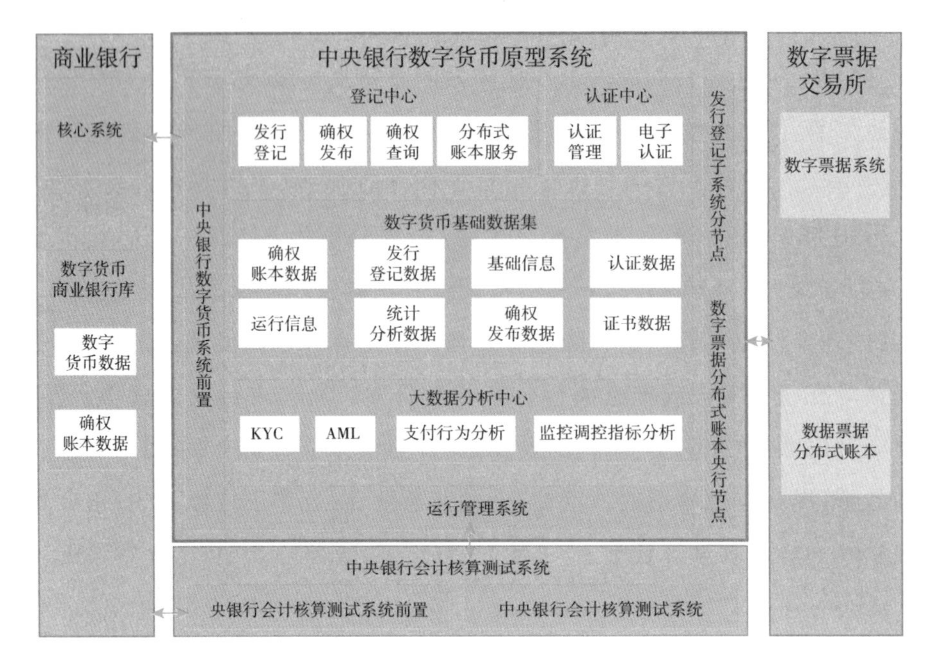

图 2-30　央行数字货币原型系统

交易和双离线直接支付交易及不计息利息等特征，具体特征表现如下：

(1)支持有限度的可控匿名交易。现钞交易由于其匿名特性，存在被用于洗钱、恐怖融资等非法交易风险。现有的电子支付工具，无论是移动支付还是银行卡支付都无法摆脱银行账户体系，满足不了交易者匿名的需求。央行数字货币在设计时保留了可控匿名的特征，参与数字人民币交易的支付和清算等中间机构，对交易双方的个人完整信息是不可见的，中国人民银行掌握全量信息，可以分析交易数据和资金流向。这种有限度的可控匿名设计时央行强化货币监管与保护个人隐私的平衡举措。

(2)不计付利息。数字人民币不计付利息这一特征决定了其主要功能是定位于小额、高频的交易支付工具，不适于公众以数字人民币的形式保留大规模账户余额以进行价值储藏。如果数字人民币支付利息，因央行信誉高于商业银行信誉，有可能引起公众大规模将银行存款转换为数字人民币，或者在账户中保留过多的数字人民币余额，这将引起金融脱媒。数字人民币属于高能货币，公众的上述行为可能产生对央行货币政策不可预见的冲击。

(3)支持双离线直接支付交易。双离线直线支付指收支双方都在离线的情况下仍然可以进行支付，只要交易双方都安装了央行数字货币的数字钱包，在不存在网络信号的情况下，两个手机相互碰一碰就能实现实时转账支付。双离线支付功能为在网络信号临时断开的场景下交易提供了便利，数字人民币这一特点使其与实物货币的特性更加靠近。

3.案例价值与成效

当前的私人部门数字货币(如比特币)存在洗钱风险高、价格波动大等问题,并且与现有的传统金融体系难以兼容,而已有的法币数字钱包对银行账户的依赖程度较高,独立性、本地安全性不足。DCEP能解决现有法币体系的痛点,保护私人隐私、满足匿名支付的需求。电子支付必须通过"账户紧耦合"的方式才能完成。央行数字货币脱离传统银行账户即"账户松耦合"就可以完成价值转移,大大降低了对传统银行账户的依赖,从而实现了可控匿名。同时DCEP的广泛使用和纸币的退出将有助于打击逃税、洗钱和其他非法活动。

DCEP完整履行了货币的交易媒介、价值储藏、价值尺度等功能,对于本币价值不稳定、货币超发不受管制、跨境支付不便利的部分欠发达国家而言,有可能是其本国货币的完美替代方案。配合亚投行、开发性金融、"一带一路"等合作机制,DCEP有可能在欠发达国家成为其正式的流通货币,成为人民币国际化、跨境铸币税的第一步。此外,通过DCEP在这些国家的流通,鼓励更多的中资金融机构出境拓展海外业务,也有助于在欠发达国家实现存贷汇各方面普惠金融的覆盖。

(案例来源:宁波标准区块链产业发展研究院,来源于网络)

· 国外典型案例

【案例二十八】 Facebook加密数字货币Libra

1.案例背景及解决痛点

2019年6月,全球拥有26.6亿用户的社交巨头Facebook发布了数字货币项目Libra的白皮书。"Libra"一词义为天秤座,象征公正和公平,同时也是古罗马的货币计量单位。白皮书中构建了一个宏大壮阔的金融愿景,声称"建立一套简单的、无国界的货币和为数十亿人服务的金融基础设施",Libra计划于2020年正式发行。Libra由一篮子银行存款和短期国债作为储备资产,在区块链上实现低波动、低通胀、可在全球通用的数字货币。在治理机制方面,Facebook没有对Libra进行独家经营,而是采用多中心化治理模式,在瑞士日内瓦注册了协会,由协会成员共同负责项目的技术维护和资产储备管理,其中28个初始成员中包括了Visa、Mastercard、Paypal等巨头,协会计划将成员扩充到100个。Libra诞生于一个数字经济深化、变革加速的信息时代,互联网、区块链、金融等行业都被挟裹于新一轮的数字浪潮之中,区块链作为一个涵盖计算机、金融、数学、法律、管理学在内的复合型技术，更易与其他行业产生共振联动。

2. 案例内容介绍

Libra 是区块链技术下的数字加密货币，由 Facebook 公司发起，Libra 协会注册在瑞士日内瓦，协会成员由联盟链的验证节点组成，目前包括 Facebook、MasterCard、PayPal 等 28 个节点，涵盖了支付、电信、区块链、风投等多领域，具有多中心化的治理特征。

Libra 货币建立在“Libra 区块链”的基础上，Libra 在运营初期采用的是基于 Libra BFT 共识机制的联盟链，即使三分之一的验证节点发生故障，BFT 共识协议的机制也能够确保其正常运行。与其他一些区块链中使用的“工作量证明”机制相比，这类共识协议可以实现高交易处理量低延迟和更高能效的共识方法。

Libra 采取的是联盟链的形式，只针对某些特定群体的成员和有限的第三方，内部指定若干预选节点为记账人，区块生成由所有记账节点共同决定，其他接入节点可以参与交易，但不参与记账过程。Libra 采用联盟链需满足以下要求：第一，安全可靠性，以保障相关数据和资金的安全。第二，较强的数据处理能力和存储能力，为十亿数量级的用户提供金融服务。第三，异构多活，支持 Libra 生态系统的管理及金融创新。

Libra 在技术上的一大创新点是采用了新型编程语言“Move”，用于在 Libra 区块链中实现自定义交易逻辑和“智能合约”。与现有区块链编程语言相比，Move 从设计上可防止数字资产被复制。它使得将数字资产限制为与真实资产具有相同属性的“资源类型”成为现实，即每个资源只有唯一的所有者，资源只能花费一次，并限制创建新资资源。Move 增强了数字资产的地位，使得开发者能够更加安全和灵活地在链上定义和管理数字资产。

Libra 采用梅克尔树的数据存储结构，可以侦测到现有数据的任何变化。不同于以往的区块链都将区块链视为交易区块的集合，Libra 区块链是一种单一的数据结构，可长期记录交易历史和状态。这种实现方式简化了访问区块链的应用程序的工作量，允许它们从任何时间点读取任何数据，并使用统一框架验证该数据的完整性。

3. 案例价值与成效

从 Libra 区块链的技术方面来看，Libra 区块链致力于利用相对安全的程序语言、高效的共识算法、自研的安全合约语言和规范演进的代码架构解决当前各大区块链项目已经遇到的处理速度慢、可扩展性低、合规风险高、资产价值不稳、易被恶意利用等问题。

从Libra货币价值方面来看，Libra为了自身价值稳定并且规模易于扩张收缩，选择法定货币以及强主权国家政府债券作为抵押，发行抵押多种低风险法定金融资产的稳定虚拟货币，并引入多家金融资产托管机构分散化托管。与主权货币不同，Libra原生于数字空间，其账本基于区块链构建，结合智能合约进行治理，天然具有支付与清结算同步，系统共识简单的优良特性，因此交易和支付的成本极低。此外，Libra被设计为不受单一政府控制，因此其政治色彩以及主权风险相对主权货币较弱，更易于被视作相对政治中立的货币而被不同国家的用户在跨境支付场景。与比特币等无抵押加密货币不同，Libra的价值清晰且容易被广泛达成一致，其发行总价值就等于背后抵押资产的全部价值，因此其价值更稳，交易风险更低，更容易在不同支付场景中被交易方采用。

（案例来源：宁波标准区块链产业发展研究院，来源于网络）

2.10 知识产权

· 国内典型案例

【案例二十九】 区块链知识产权保护平台“保全网”

1. 案例背景及解决痛点

长期以来，由于知识产权没有具体的体现形式，对于知识产权制度中各项权利的确定在实际操作中常常会存在很多困难。互联网的快速发展，虽然给社会各行业带来充足的发展动力，方便了人们的生活，网络上几乎所有的信息都可以数字化存储、传播和复制，但是数字化信息在带来便利的同时，也给知识产权的保护带来了一定困扰。由于作品可以快速传输、多次复制，一份作品可以在短时间内转播成百上千次，这导致原创作品的溯源成本极高，而且对于作品信息进行修改十分容易，有可能会发生盗取作品的现象。此外，一旦发生侵权事件，产权所有者很难提供出有效的证据证明产权归属，对于权利的交易也无法保证权益状态清晰、作品安全。

区块链技术作为一项具有革新生产关系的新技术，在对于知识产权制度中的权利确定方面具有一定的积极意义。针对目前知识产权保护面临的问题，基于区块链技术构建集全网监测、在线取证、数据存证、司法出证于一体的知识产权保护平台,不仅有助于知识产权的权益保护,有效解决目前知识产权维权时侵权证据不易获取、难以存证等问题;还有助于构建区块链司法联盟体系,为用户提供司法支援,帮助用户实现快速维权,减少侵权行为,净化网络环境,打造社会信任、群众认可的互联网生态体系。

2.案例内容介绍

目前,国内区块链知识产权保护应用案例不断涌现,众多企业都进行了相关的探索和产业应用尝试,在此选取具有代表性的应用案例进行具体介绍。

2019年7月12日,杭州互联网公证处与浙江数秦科技有限公司基于保全网共同搭建了"知识产权服务平台",该平台基于区块链技术,提供电子数据在线取证、存证、出证的一体化服务,极大地缩短了取证、出证时间,为原创工作者、知识产权服务平台、金融企业等用户提供一站式综合数据保全服务,主要包括以下四种服务功能。

(1)全网监测。平台通过AI算法针对图片、文本、音频、视频等类型作品进行多线程相似度对比,对其著作权、商标权等进行智能分析,快速发现侵权行为,及时向原创者反应,以帮助原创者及时取证侵权证据,有利于原创者维护自身利益。

(2)在线取证。针对目前电子证据取证难的问题,平台基于区块链技术提供支持多场景的在线取证功能,可对互联网页面、动态音视频、操作行为全过程、模拟移动端平台内容等目标证据进行在线取证,快速固定多平台证据信息,取证数据通过区块链节点可直接上链固证,避免侵权数据在传输、存储过程中被篡改,造成侵权证据不足而无法维权的困境。其中,在线取证主要包括网页取证、过程取证、移动端取证三种方式。网页取证通过目标网页地址,可一键固定静态网页所有内容,取证过程、源数据、路由、日志等信息会全部被记录,保证了侵权证据的完整性;过程取证可通过电脑随时随地在线操作,利用虚拟桌面可对取证过程进行录制,取证合法、操作灵活;移动端取证可直接连接到由司法鉴定中心提供的真机阵列,通过真机阵列直接取证,保证取证数据的权威性,适用于社交平台取证、电商维权、APP侵权取证等多种场景。

(3)数据存证、溯源。对于互联网中电子证据易篡改、可删除、存证难等问题,平台借助区块链不可篡改、安全可信、分布式存储等特性,实现对电子数据的分布式加密存证功能。针对在线取证的电子证据以及原创作品,通过哈希算法、非对称加密技术生成唯一的数据指纹,在保证数据隐私的前提下,配合时间戳技术实时上链存证,固化电子数据的内容及权属信息,解决电子证据存在难的问题。

（4）司法出证。针对维权者缺少法律认可的维权证据的问题，平台通过基于区块链分布式特性，打通相关司法鉴定中心、公证处等机构，解决链上证据示证出证难题。通过在线取证、现场开箱公证等服务，用户可在线申请司法出具公证书及司法鉴定意见书，司法机构对在线申请和存证数据进行验证之后，分别由杭州互联网公证处和浙江千麦司法鉴定中心出具法律认可的公证文件和司法鉴定证书，上述证明材料作为呈堂证据，可方便快捷地帮助用户维护知识产权利益。

3.案例价值与成效

基于区块链构建的知识产权保护平台，通过技术手段可有效解决目前知识产权维权时侵权证据不易获取、难以存证以及电商贸易数据难溯源等问题。同时，利用区块链分布式、可溯源等特性，构建区块链司法联盟体系，不仅能够实现对电商贸易数据的溯源追责，还能为用户提供司法支援，帮助用户实现快速维权。区块链技术对于构建安全可信、社会认可、方便快捷的知识产权维权体系具有重要的核心价值，具体可体现在以下几方面。

（1）在线固证：基于区块链技术配合在线取证技术可实现文本、图片、音视频等电子数据的实时加密存证，固化其内容及产权归属，解决电子数据作为司法证据面临的取证难、存证难等问题。

（2）证据完整：利用区块链技术可保证电子数据 Hash 值、数据指纹的不可篡改，同时结合密码学技术可以保证电子数据的完整性、真实性，取证、存证过程由司法机构全证监督，进一步保证电子数据作为司法证据的客观性、可信性。

（3）司法有效：利用区块链安全可信的分布式体系，打通司法鉴定中心、公证处等司法机构，构建区块链司法联盟体系，可为存证数据提供可信的公证书、司法鉴定意见书，为电子数据赋予法律效力，解决维权过程中示证难的问题。

（4）共享溯源：利用区块链数据共享、溯源可查的特性，打破电商贸易产业链中各机构之间的数据壁垒，实现对商贸数据的可信溯源，为监察机关打击假冒伪劣提供可信信息，为构建健康可信的商贸环境助力。

杭州互联网公证处与浙江数秦科技有限公司基于保全网共同搭建的“知识产权服务平台”，实现了从取证到出证全程代理，从取证到出证仅需 5 个工作日、在线检测对文本审核快至 200 毫秒、图像审核快至 300 毫秒，相比人工审核效率提升 10 倍，准确率高达 99％以上，极大地提高了出证、维权效率。

（案例来源：杭州互联网公证处、浙江数秦科技有限公司）

【案例三十】 人民网人民版权平台

1. 案例背景及解决痛点

《2018—2019中国数字出版产业年度报告》显示，仅2018年，国内数字出版产业整体收入规模已达到8330亿元。但在传统数字资产保护领域，有着确权难、维权难、用权难三大难题，无法形成一条完整的内容产业链。

一方面，数字作品本身具有无形性和独创性的特点，大多数数字作品在创作完成后并未及时进行版权登记。从媒体版权的角度来看，传统线下的维权成本高昂，原创版权得不到保护，未经授权转载已经成为业内的常态。

另一方面，随着自媒体的井喷式增长，盗版者对原创内容已经从简单粗暴的复制粘贴升级到了断章取义的“洗”行为，媒体无法管控被二次传播的内容，导致媒体同质化竞争加剧。这不仅增加了确权的难度，更降低了媒体生产高质量原创内容的积极性。

随着移动互联网技术的普及，信息传递、分享和接收的效率大幅提升，这对版权管理和保护提出了新的要求。2019年7月24日，习近平总书记在中央全面深化改革委员会第九次会议上，也再次强调要加强知识产权的保护。[①] 要从审查授权、行政执法、司法保护、仲裁调解、行业自律等环节，改革完善保护工作体系。

在此背景下，人民在线与微众银行共同推出人民版权平台，该平台于2019年7月12日发布，系基于区块链技术的一站式版权保护管理平台，使用的区块链技术主要是：微众银行联合金链盟开源工作组共同开源的FISCO BCOS联盟链底层开源平台、微众银行自主研发并完成开源的实体身份标识与可信数据交换解决方案WeIdentity。

2. 案例内容介绍

人民版权平台提供包含四大内容的解决方案，在打造自有新闻版权联盟链的基础上，构建版权监测闭环、生成版权存证追踪链路、实现线上交易全流程、梯度化司法综合服务，一举解决以往数字资产在确权、维权、用权上的三大难题。在实现版权保护和管理的同时，通过版权授权交易，生成数字作品的专属价值链，赋能其溢价能力，进而形成一个良性的内容生态。该平台介绍图见图2-31。

平台基于FISCO BCOS联盟链底层平台构建多方协作的模式，引入国家监管

---

① 习近平主持召开中央全面深化改革委员会第九次会议[EB/OL].(2019-7-24)[2022-11-12].http://www.gov.cn/xinwen/2019-07/24/content_5414669.htm? tdsourcetag=s_pcqq_aiomsg

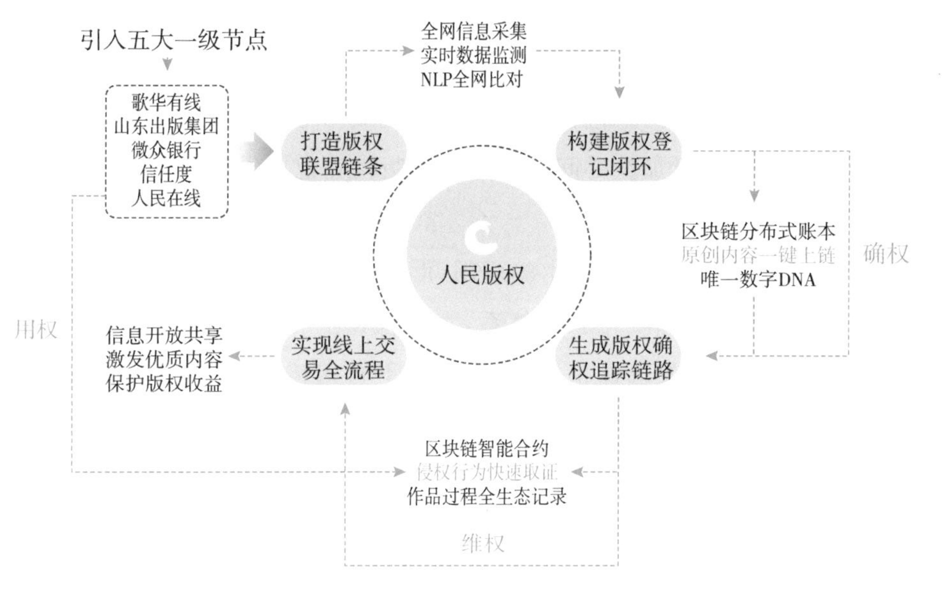

图 2-31 人民版权平台介绍图

机构、权威媒体机构、仲裁机构、公证机构、互联网法院等多个节点，共建版权保护联盟链，打通版权保护全链条。依托区块链技术的加密和链式结构在上链后的数据完整性和不可篡改性，平台可大幅降低司法过程中的证据取证与保全成本，快速实现版权认证、取证、维权、诉讼全流程线上化。依托区块链技术的加密和链式结构在上链后的数据完整性和不可篡改性，一旦这些被确权的作品有后续交易，将自动存证上链保存，从而实现了内容生产全生命周期的可追溯、可追踪，为司法取证提供了一种强大的技术保障和结论性证据，大幅降低司法过程中的证据取证与保全成本，快速实现版权认证、取证、维权、诉讼全流程线上化。

在版权登记环节，平台将作者姓名、登记时间、作品名称、作品核心摘要信息等生成唯一对应的数字指纹 DNA 存于区块链上，实现链上信息可追溯且无法篡改；在版权验证环节，使用基于区块链的实体身份标识与可信数据交换解决方案 WeIdentity，对作者身份进行唯一标识及存证相关数据，并在链外进行全网数据监测，通过算法自动识别原创新闻和判断新闻是否涉及抄袭，如果发现侵权行为可自动取证上链。同时，平台将版权交易环节引入线上，可以有效提升版权授权工作效率，快速实现版权的多种授权方式，有助于打造全内容版权生态，让版权价值最大化，激励更多优质内容的产出。

平台将逐渐开放图片、视频、网络文学、视听作品等内容的版权保护，引入 IP 孵化等衍生服务；打造监管机构使用场景，发布版权监测系统，通过大数据监测和比对，助力版权市场的规范化建设。

3. 案例价值与成效

数字版权保护依托区块链技术的加密和链式结构在上链后的数据的完整性和不可篡改性，对数字版权内容进行登记、追溯、验证和保护。区块链能够准确记载作品权利管理信息，通过加盖时间戳的方式为版权登记提供独一无二的证明，并且全程留痕，有助于即时确权。

人民版权平台通过区块链技术的运用，形成了含互联网法院、公证、司法鉴定、仲裁为一体的权威司法梯度化服务体系，为版权保护在数权时代的司法维权奠定坚实基础。与传统的维权模式相比，人民版权平台用传统版权服务 1/2 的价格便可完成确权、维权全流程，为用户提供最小成本、最高效率的版权保护服务。目前人民版权平台已为超过 500 万篇新闻稿件进行版权存证；可自动识别的新闻数超过 1 亿条，相当于 3 年的新闻总量；全网监测数据量日均近 300 万条，全年总监测量超过 10 亿条。人民版权平台除通过区块链的存证特性进行版权保护外，还实现版权交易功能。在知识产权管理领域提供了基于区块链技术的解决方案，实现了高效的产权登记、产权保护和产权交易功能，有效服务于我国的知识产权建设工作。

（案例来源：电子科技大学，来源于网络）

【案例三十一】 浙江微波毫米波射频产业联盟“基芯阁”

1. 案例背景及解决痛点

集成电路是以半导体衬底为基础进行晶体管前道制作与金属后道互联，实现在单块微型衬底中集成多达数亿个晶体管的复杂电路系统；微系统是以微电子、光电子、微机电系统（MEMS）为基础，结合体系架构和算法，将多种传感计算控制单元在微纳尺度上采用异构、异质等方法集成在一起的微型系统。两者的研发均面临来自结构、工艺、电路设计等多方面的技术挑战，需要结构、电磁、工艺、热设计等多专业、多领域、多单位的协同配合进行研发，而传统的协同研发模式已无法满足各参研单位对自身设计数据利益的保护要求，导致各方数据交互不充分、设计返工等问题。而随着区块链技术的出现，集成电路与微系统的专利、知识产权保护难题可依赖智能化技术自动实现，加上该专利和知识产权均为数字资产，其存证、溯源性能与效率得到了非常大的提升。

2. 案例内容介绍

为了提供协同设计服务平台全过程知识产权保护的能力，支撑协同设计服务平台达到构建知识产权协同可控共享的目标，浙江微波毫米波射频产业联盟基于协同设计服务平台的业务系统，建立了一个区块链多节点分布式可信存证平台“基芯阁”,可承载业务流程和协同设计的过程数据信息、摘要信息、知识产权信息,利用区块链智能合约(用户可协商的区块链数据上链查询等功能业务代码)特性进行指定信息的自动获取与区块链账本存证,并在区块链基础服务之上构建协同设计仿真平台所需的审计服务。区块链可信存证总体方案示意图见图 2-32。

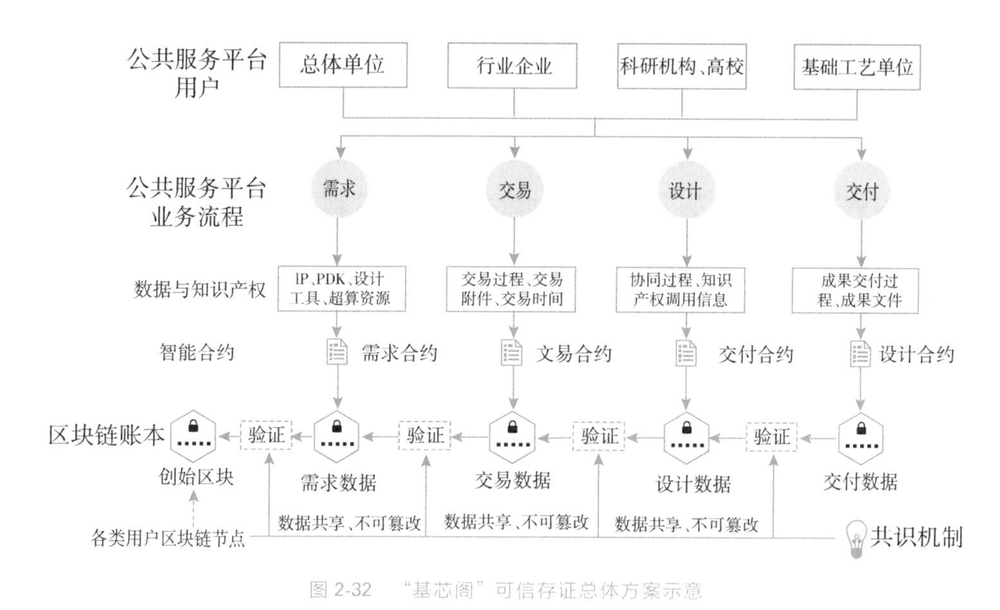

图 2-32 “基芯阁”可信存证总体方案示意

3. 案例价值与成效

对比传统线下供应链业务,“基芯阁”平台支持微系统和集成电路数据协同设计、数据加密、自动知识产权区块链存证,推动了浙江微波毫米波射频产业联盟内多家集成电路与微系统上下游单位共享知识产权的协同开发,支撑了微系统产品的大规模协作开发与量产,提高研发效率,降低研发成本。“基芯阁”区块链产品于 2019 年获得了中央网信办的境内区块链信息服务备案(第二批)。

(案例来源:杭州基尔区块链科技有限公司)

· 国外典型案例

【案例三十二】 区块链基础合约和版权管理系统(bCRMS)

1. 案例背景及解决痛点

目前,媒体和娱乐领域的碎片化使我们对媒体的消费产生了深远的改变,媒体制作公司和互联网服务为了提高市场份额,都在创造吸引用户的内容,这导致盗版内容也呈指数级增长。据估计,到 2022 年,网络盗版造成的收入损失约为 500 亿美元,数字版权的管理是一个急需解决的问题,它影响着全世界的内容创作者。

早在2016年，美国商务部就举办了一场活动，讨论如何将区块链技术应用于数字版权，并且得到了美国专利商标组织(USTPO)、国家电信和信息管理局(NTIA)、国际贸易管理局(ITA)以及国际标准与技术研究所(NIST)的支持。

区块链技术在数字版权应用中具有很大的潜力，并且已经有很多国外的企业在探索这方面的应用，如Facebook、谷歌、IBM等。

2. 案例内容介绍

2020年7月，IT巨头马衡达信息技术有限公司宣布推出面向全球媒体和娱乐行业的新型数字平台，名为"区块链基础合约和版权管理系统"(bCRMS)。该平台构建的目的是让制作公司和内容创建者通过利用IBM的区块链来对收入、版税进行溯源，管理版权，并解决盗版问题。

马衡达的"区块链基础合约和版权管理系统"(bCRMS)平台是基于开源的Hyperledger Fabric协议搭建的，该平台通过哈希算法、非对称加密技术生成唯一的数据指纹，在保证数据隐私的前提下，结合时间戳技术实时上链存证，固化创作者的作品内容及版权信息，解决版权保护存证难的问题。此外，该平台建立在IBM区块链的基础上，限制未经授权的访问和数字内容的再分配，减少盗版内容并管理版税，并且为创作者、合作者提供了一个自动化的交易管理系统。

3. 案例价值与成效

IBM区块链的总经理Alistair Rennie表示，马衡达创新地使用IBM区块链帮助应对数字版权的管理问题，从而提供了数字媒体市场对内容质量的溯源和鉴别内容真实性的能力，并可以通过清晰灵活的方式对下载和使用的内容进行追踪。

马衡达将IBM区块链应用于版权保护领域，不仅解决了版权保护存证、取证和维权的困难，而且打破知识产权保护管理层级、业务之间的壁垒，维护了产权所有者的合法权益，保障了产权使用者的合法使用，使版权交易的痛点问题得到解决。

（案例来源：电子科技大学，来源于网络）

2.11 证券期货

- 国内典型案例

【案例三十三】 基于STACS区块链的环银通数字资产网络

1. 案例背景及解决痛点

为了更好地优化传统债券的业务流程，解决全球债券基础设施的现存问题，德意志银行（新加坡）联合独家区块链技术服务商成都质数斯达克科技有限公司（以下简称“质数斯达克”）在2021年宣布推出基于STACS区块链的环银通数字资产网络，以实行自动化资产服务，并降低运营成本，促进形成统一登记结算后台作为各前台市场共用的金融基础设施。

在环银通数字资产网络中，发行机构、托管机构、中央银行、交易所等市场参与方以及监管部门均可作为许可节点加入该网络中，基于区块链的多方维护的技术特性，所有的参与节点都可动态掌握债券交易的全貌，以便于各参与方及时采取行动，如改变投资策略等。此外，在不改变各市场或机构现有业务逻辑和流程的情况之下，环银通数字资产网络将支持跨机构，跨地域地进行债券发行、登记、交易、清算和结算等服务。

2.案例内容介绍

在区块链技术的选择上，联盟链可以按项目有权限参与方上链和信息披露，可有效保证信息安全。因此结合项目的可行性和安全性的要求，环银通数字资产网络建设使用联盟链技术，并通过传递系统内专用业务报文进行信息传递及业务操作，将全球商业银行、交易所、证券公司、资产管理公司等持牌金融机构通过STACS区块链网络彼此连接，让发行人、参与机构、投资者等角色使用统一业务平台进行协作，开展全新的全球创新债券业务（见图2-33）。

图2-33 环银通数字资产网络介绍图

在环银通数字资产网络中，债券发行会和中央存管机构进行同步，同时资产将通过区块链网络同步至市场其他参与者，以便审计机构、合作承销商可以进行相关业务。承销商可面向一级市场投资者开放公开认购或私密认购，承销商发布的项目信息可通过区块链同步至市场参与者，每个项目的智能合约将保债券款兑付的同步性，避免业务纠纷。金融机构可通过区块链可追溯每一笔交易的历史痕迹，并实时监控其他用户节点的交易信息，从而实现了债券交易的穿透式监管。另外，任何债券持有者可面向指定对手方进行一对一交易，交易信息可通过区块链同步至业务对手方，并应用智能合约将保证了债券款兑付的同步性。发行方可通过债券对应的智能合约进行付息和回购，智能合约将自动按照债券付息和回购规则执行，保障发行者和投资者的双方利益。基于 STACS 区块链的环银通数字资产网络可为全球持牌金融机构构建了自主可控、满足监管要求的国际化债券协作网络。该环银通数字资产网络业务图见图 2-34。

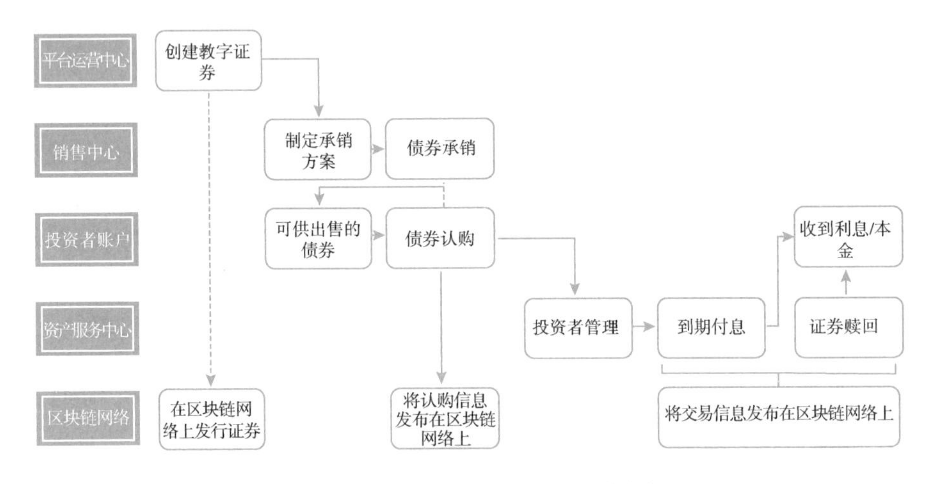

图 2-34　环银通数字资产网络业务图

3. 案例价值与成效

2021 年，德意志银行与质数斯达克联合宣布，环银通数字资产网络已经成功地进行了数字资产跨平台的互操作性和相关托管、数字债券和现金交付与支付的实践、分布式账本技术（DLT）与传统系统的连接、运营模式的演变和智能合约模板，包括那些涉及与可持续性相关的数字债券等业务操作。相较于传统的债券业务流程，基于区块链技术的数字债券业务整合了中间服务机构（减少托管方），提高业务效率，并实现了可信信息的实时共享。此外，环银通数字资产网络强化了对债券发行、交易的统一监管，保障债券市场公开、公平、公正；通过对债券市场全覆盖的数据收集、监测、预警，能够为前瞻性防范化解系统性金融风险提供有效手段并降低信息不对称的情况，有利于维护金融稳定。现阶段，该网络已经完成了多方联合验证，准备进行生产上线。

（案例来源：成都质数斯达克科技有限公司）

【案例三十四】 交通银行聚财链

1. 案例背景及解决痛点

传统的ABS业务存在不少痛点:第一,信息不对称。由于尽职调查过程、估值过程与评级过程是不透明、不公开的,导致基础资产形成期的真实性无法得到最大限度的保证;由于ABS产品信息披露仍然比较有限,披露的信息基本上更多是发行时的静态信息,存续期内基础资产的动态变化信息,投资者、管理人、评级机构、原始权益人等各方之间存在较为严重的信息不对称问题,导致信用风险与流动性风险难以监控,风险管理难度增大;第二,客观性不足。由于原始权益人直接向评级机构付费并委托其进行信用评级及跟踪信用评级,导致评级机构出于经济利益考量无法真正实现评级过程的独立性和评级结果的客观性;第三,定价与风险不匹配。ABS市场缺乏流动性,二级市场交易无法提供有效的定价依据,ABS产品定价普遍基于发行的预期收益或利差水平,偏量化的基础定价模型更多的是基于流动性或资金成本,只能起到参考作用,并不能对风险进行定价。优先/劣后分级也只是体现一种偿还顺序,并不能反映真实的风险等级,所以产品定价机制与风险并不匹配。

上述痛点对ABS业务各参与方均造成不利影响:原始权益人融资成本高、投资者投资风险高、中介机构服务效率低、监管机构监管难度大。

为了解决这些痛点,交行开发了基于区块链的资产证券化平台。平台以联盟链为纽带连接资金端与资产端,提供ABS产品从发行到存续期的全生命周期业务功能,利用区块链技术实现ABS业务体系的信用穿透。平台重新设计与定义资产登记、尽职调查、产品设计、销售发行等各个环节,将基础资产全生命周期信息上链,实现资产信息快速共享与流转,保证基础资产形成期的真实性和存续期的监控实时性,同时将项目运转全过程信息上链,使得整个业务过程更加规范化、透明化及标准化。

2. 案例内容介绍

聚财链利用区块链的分布式账本为所有参与方提供统一的业务账本与视图。利用区块链的智能合约技术自主研发了一套分布式工作流引擎,实现业务流程能够在联盟链内跨机构流转,提供了一种高效的跨机构协同方式。在跨机构流程基础上,自主研发了区块链配置与智能合约管理,实现区块链配置在线更新与智能合约在线升级。在区块链信息共享的基础上,利用非对称加密机制实现了敏感业务数据权限的自定义配置,既满足共享需求又符合业务特殊场景的控制。

聚财链一期联盟链由交行、交银国信、券商、评级、会计及律师组成(见图2-35)。其中交行、交银国信分别在本地部署区块链共识节点,券商、评级、会计及律师的区块链节点暂时部署在交行 DMZ 区。同时,联盟链各节点部署标准版应用程序。

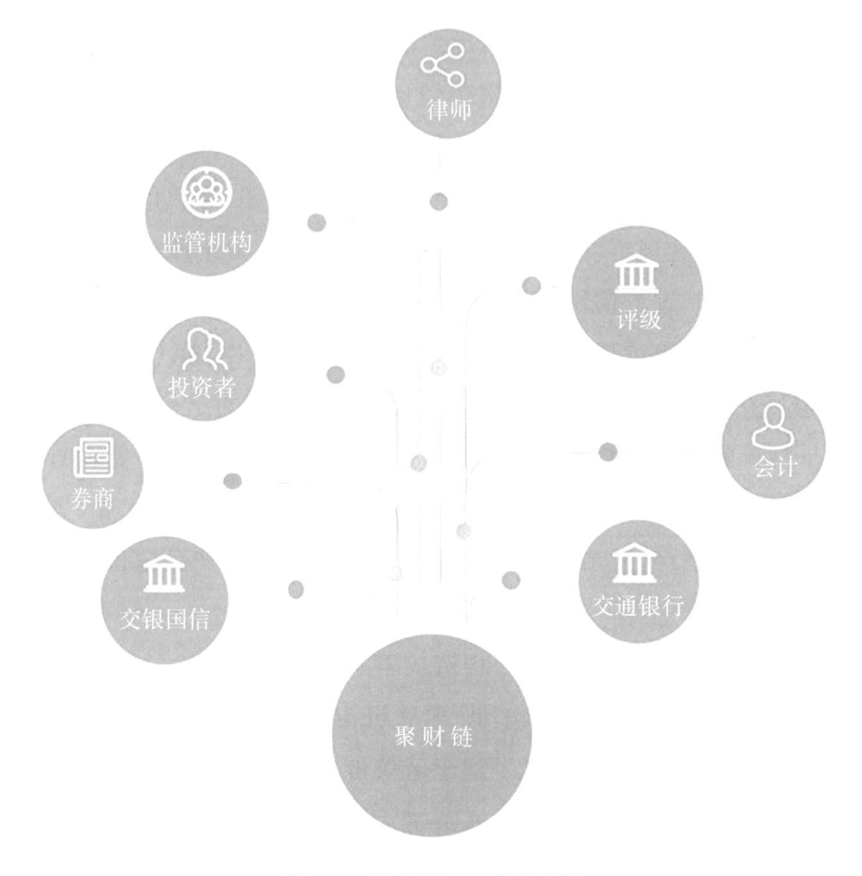

图 2-35 聚财链节点部署示意图

在区块链技术的帮助下,聚财链使得 ABS 产品发行与管理更加高效、低成本、透明、监管便捷(见图 2-36)。

(1)高效。通过区块链分布式工作流引擎,实现联盟链内跨机构业务流程运转,提高了跨机构的协同效率。

(2)低成本。因为区块链分布式账本的特性,使所有参与方本地持有全量数据,通过区块链智能合约的自动执行完成规则明确、权责清晰的业务操作,如自动预测存续期现金流、自动生成信托报告,这些都大大降低了参与方的操作、合规、对账成本。同时,为 ABS 投资者提供了实时、可信的信息验证渠道,无疑会提升投资者信心,从而降低证券发行利率,降低原始权益人的融资成本。

(3)透明。通过将项目运转全过程信息与基础资产全生命周期信息上链,借助区块链不可篡改的技术特性实现信息流可追踪可审计,使得 ABS 业务全过程更加

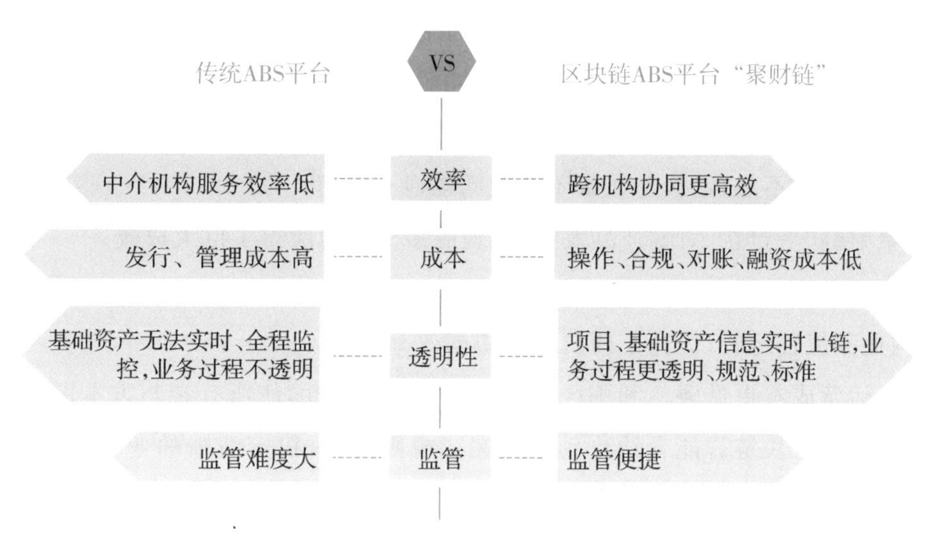

图2-36　聚财链优势对比示意图

透明、规范、标准,降低信用风险、流动性风险及模型定价风险。

(4)监管便捷。监管机构通过部署区块链节点能够实现穿透式监管,对项目信息与基础资产信息进行实时、全程监测,极大地提高了时效性与有效性,提升了监管便捷性,降低了监管难度。

聚财链一期实现了项目信息与资产信息上链、联盟链跨机构尽职调查流程等业务功能以及区块链配置更新流程、智能合约升级流程等基础功能。后续,聚财链将实现 ABS 产品全生命周期的业务功能,贯穿资产筛选、尽职调查、产品设计、销售发行、存续期管理等各个环节,同时平台还提供风险定价、现金流分析、压力测试等智能分析工具。

“聚财链”投行研发团队正在建立一套可配置的产品模板,支持多种类型 ABS 产品的快速发行,且具备灵活的升级机制,可快速适应市场变化与政策调整。产品模板将广泛涵盖信用卡分期、住房按揭、对公贷款、不良贷款等信贷 ABS 产品,及小额贷款、应收账款、信托收益权、租赁租金等企业 ABS 产品。

“聚财链”的目标不仅是综合化投行业务平台,更是借金融科技融合推动投行转型春风,以平台连接 ABS 业务各投行参与方,实现业务流程和数据的高效对接,构建一个开放、共享、可信的联盟投行生态圈,打造全新投行时代的命运共同体。

3.案例价值与成效

基于区块链的资产证券化平台“聚财链”,以联盟链为纽带连接资金端与资产端,提供 ABS 产品从发行到存续期的全生命周期业务功能,利用区块链技术实现

ABS业务体系的信用穿透。平台重新设计与定义资产登记、尽职调查、产品设计、销售发行等各个环节，将基础资产全生命周期信息上链，实现资产信息快速共享与流转，保证基础资产形成期的真实性和存续期的监控实时性，同时将项目运转全过程信息上链，使整个业务过程更加规范化、透明化及标准化。传统ABS业务信息不对称、客观性不足、定价与风险不匹配问题迎刃而解。

"聚财链"平台在ABS产品发行、管理的多个方面取得了巨大成效。

(1)业务流程更高效。"聚财链"通过区块链分布式工作流引擎，实现联盟链内跨机构业务流程运转，提高了跨机构的协同效率。

(2)运营成本更低廉。利用区块链分布式账本特性，使所有参与方本地持有全量数据，通过区块链智能合约自动执行完成规则明确、权责清晰的业务操作，大大降低了参与方的操作、合规、对账成本。同时，为ABS投资者提供实时、可信的信息验证渠道，提升投资者信心，降低证券发行利率，降低原始权益人的融资成本。

(3)全周期信息更透明。通过将项目运转全过程信息与基础资产全生命周期信息上链，借助区块链不可篡改的技术特性实现信息流可追踪、可审计，使得ABS业务全过程更加透明、规范、标准，有效降低了信用风险、流动性风险及模型定价风险。

(4)业务监管更便捷。监管机构可通过部署区块链节点实现穿透式监管，对项目信息与基础资产信息进行实时、全程监测，极大地提高了监管的时效性、有效性和便捷性，降低了监管难度。

（案例来源：中国工商银行，来源于网络）

· 国外典型案例

【案例三十五】 马来西亚交易所Bursa项目Harbour

1.案例背景及解决痛点

马来西亚交易所Bursa作为东盟地区最大的证券交易所之一，已经为超过900家的上市公司提供了债券金融服务。尽管其业务系统在运营上一直保持稳定和有效，但在近年，马来西亚交易所Bursa开始尝试应用创新型技术以优化其传统债券业务流程。以传统的债券发行流程为例，其涉及多个中间机构：包括发行人、承销商、清算商、托管人、中央存管机构，同时每个机构之间都存在着独立的账本和系统，从而导致信息层级较多，结算时间较长，业务成本激增。为了促进债券市场的健康发展，马来西亚交易所Bursa于2020年宣布与质数斯达克共同开发基于STACS区块链的债券验证性项目Harbour，以提高业务运营效率，降低运营成本以及发行债券的成本，推动纳闽金融交易所(LFX)债券市场的发展。

2.案例内容介绍

通过STACS区块链的分布式账本技术，可以将债券业务全生命周期的各个业务方之间设立统一的业务数据账本，账本只记录与债券业务的相关信息，不涉及各业务机构方的内部数据。基于区块链的平台将无缝促进数字债券的发行，同时提供单一真相来源，以维持投资机构持股的完整性并跟踪交易。此外，利用智能合约技术使资金和债券的流动自动化，从而扩大了资产服务和向市场参与者提供流动性的程度。项目Harbour涉及的应用场景包括债券的发行、交易及付息回购等，项目Harbour可以有效简化业务相关方频繁的指令发送和确认指令的过程，同时，在满足监管的前提下，可直接进行链上清结算，提高交易后的结算效率，增强投资机构信心。

在发行场景中，数字债券可以有效减少债券发行过程中的中间环节，提高发行效率，降低发行成本。通过利用区块链的技术特性，可以把发行流程中的相关信息数据自动上传至监管部门以便其进行审核。存储在区块链上的发行信息可以为合同协议或金融工具的建模提供条件基础，以代码(智能合约)的形式实现业务自动化执行，从而简化数字债券的发行流程，提高业务效率。

在交易场景中，首先，承销商通过审查区块链系统中潜在的卖方/合格的买方，撮合现有买卖双方之间的交易匹配。一旦交易被确认，交易细节将被发送到区块链(及第三方智能合约)中。然后，智能合约将检查债券数量和资金余额是否足以进行交易结算。当满足(业务)条件时，DVP智能合约将被触发，将并行执行相关业务操作，分别为债券被转移到买方债券账户和资金被支付到卖方资金账户。最后，承销商将向中央存管机构更新投资机构持有债券情况。

在付息场景中，首先，发行方被告知即将付息/回购的日期，到期前需要保证支付代理人持有的资金账户余额足以进行付息/回购。然后，区块链及第三方智能合约可以检查发行方(支付代理人资金账户)是否有足够的资金。同时，第三方智能合约也会检查投资机构在区块链上的债券持有信息。当满足业务条件时，智能合约将被触发，并执行相关业务操作：当债券到期，债券会转回给发行方，同时资金(票息/本金)转让给投资机构。最后，发行方(证券登记代理人)将向中央存管机构更新债券付息/回购行为。

3.案例价值与成效

项目Harbour目前已成功落地实施，相关业务参与方可以在STACS区块链上，进行发行、服务、交易和清算债券等金融业务（服务），使马来西亚在吸引区域和国际债券上市方面具有潜在的先发优势。从业务创新的角度分析，基于区块链技术的债券生命周期管理平台可以大幅度提高证券交易所海外债券业务的效率、节约了成本，并增强了其拓展海外金融市场的能力。

由 STACS 区块链及其业务生态所支持的项目 Harbour 可以全面保障相关交易数据都是来自单一信息源，该信息源将保存在马来西亚交易所 Bursa 与参与业务方之间的共享分布式数据库中，从而提供所有权注册并降低交易对手风险和对账成本，解决债券发行流程的信任问题。此外，原有的马来西亚债券交易周期为 T+3，借助智能合约和实时信息的对称性，使得结算过程中的许多步骤都可以自动化且并行操作，让债券清结算周期缩短至 T+0，有效降低交易风险。

目前，马来西亚交易所 Bursa 对项目 Harbour 验证性阶段的成果非常满意，表示将携手更多的金融机构、监管机构以及技术领域的合作伙伴，共同探索更具前瞻性的区块链应用债券市场。

（案例来源：成都质数斯达克科技有限公司，来源于网络）

第3章

CHAPTER 3

数字社会领域典型案例

区块链创新应用案例

3.1 教育领域

· 国内典型案例

【案例一】 校外培训机构一站式服务平台——甬信培

1. 案例背景及解决痛点

(1)政策背景。2021年5月21日下午,中共中央总书记、国家主席、中央军委主席、中央全面深化改革委员会主任习近平主持召开中央全面深化改革委员会第十九次会议,审议通过了《关于进一步减轻义务教育阶段学生作业负担和校外培训负担的意见》等意见。① 会议强调,要全面规范管理校外培训机构,坚持从严治理,对存在不符合资质等问题的机构,要严肃查处。

6月15日,教育部召开校外教育培训监管司成立启动会。教育部党组书记、部长陈宝生,党组成员、副部长田学军出席,党组成员、副部长郑富芝主持会议。会议宣读了《中央编办关于调整教育部职责机构编制的通知》。指出这次机构增设,充分体现了以习近平同志为核心的党中央对校外教育培训监管工作的高度重视,对新一代少年儿童的关怀,对于深化校外教育培训改革具有重大意义。

(2)解决痛点。

①培训市场乱象丛生。家长对教育培训投入巨大,教育培训机构发展迅速,校外培训机构蓬勃发展,巨大的利润率吸引了越来越多的教培机构加入,机构证照不全,监管困难。

②培训机构资金监管不足。部分机构盲目扩张造成资金链紧张,一旦出现市场波动,资金链很容易断裂,机构无法偿还巨额赔偿,尤其在疫情期间,机构关门跑路现象层出不穷。

2. 案例内容介绍

(1)案例概述与主要作用。本项目通过配合宁波市教育局部署,联合互联网技术研究团队、区块链技术研究团队、校外教培机构、共同建设智慧教培管理服务平台。通过校外教培机构数字化服务体系,树立典型示范样板机构,为集聚区域优质教育,提供可拓展、可复制全流程闭环式监管的模式与方案。

---

①习近平主持召开中央全面深化改革委员会第十九次会议强调完善科技成果评价机制深化医疗服务价格改革 减轻义务教育阶段学生作业负担和校外培训负担[EB/OL].(2021-5-21)[2022-11-12]. https://www.mem.gov.cn/jjz/ywgz/202106/t20210601_386439.shtml

甬信培——宁波市校外培训机构一站式服务平台，以信用保障、风险预警、资金监管、机构数字化管理等为出发点，利用“互联网＋教育”和大数据分析等信息化手段，通过政府部门管理端、培训机构客户端和学生家长用户端，提供机构情况、培训内容、学费保险、年检年审、风险预警、资金监管等多项功能，实现对校外培训机构管理工作的数字化、公开化、透明化，建立全社会共同参与的风险防范机制，形成闭环管理模式，提升教育培训行业的全面监管能力，构建教培一体化的全生态系统（见图 3-1）。

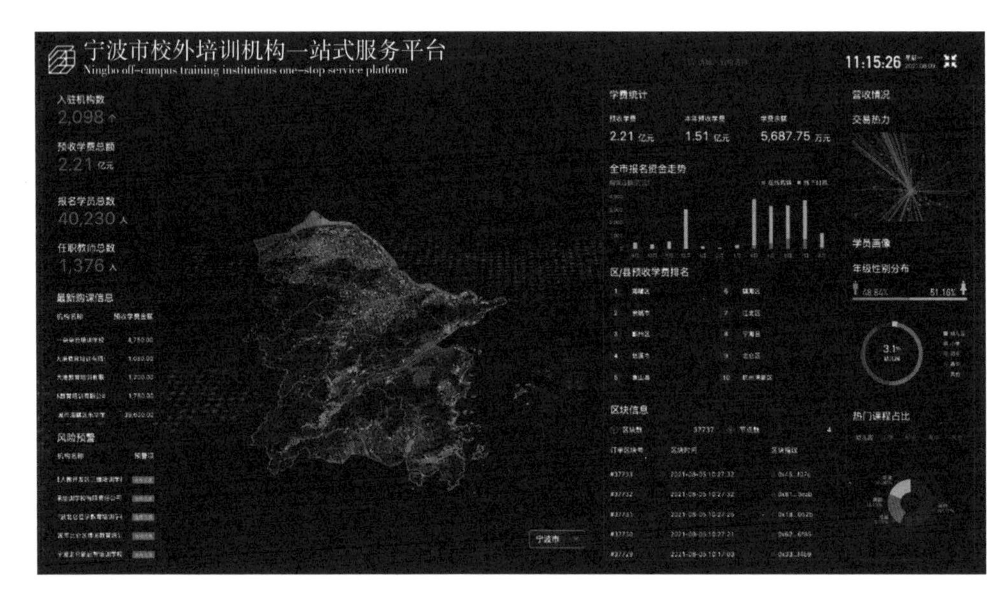

图 3-1　校外培训机构一站式服务平台展示图

利用新模式下的服务管理平台，通过三方监管，建立全社会共同参与的风险防范机制，实现对校外培训机构管理工作的信息化、公开化、透明化，提升教育培训行业的管理监督能力。

(2)技术框架。平台利用区块链、大数据分析等信息化手段，通过教育局端、机构端、家长端三介质，提供线上购课、线上购买保险、机构信用展示、风险预警、资金监管等多项功能，实现对校外培训机构工作的信息化、公开化、透明化管理，提升校外教培市场的自治水平。基于区块链技术的边缘存储、数据的不可篡改和可追溯机制保证了全过程数据的真实性和高质量，在保护机构部数据隐私的前提下实现多方协作的数据计算，实现数据流通价值（见图 3-2）。

(3)应用场景。目前机构管理流程混乱，挪用预付款严重，导致资金链断裂风险较大，而监管体制的缺失使得部分教育培训机构无证经营，教育培训合同不规范，家长和相关部门无法及时获知机构经营状况，在出现问题后难以维权。校外培

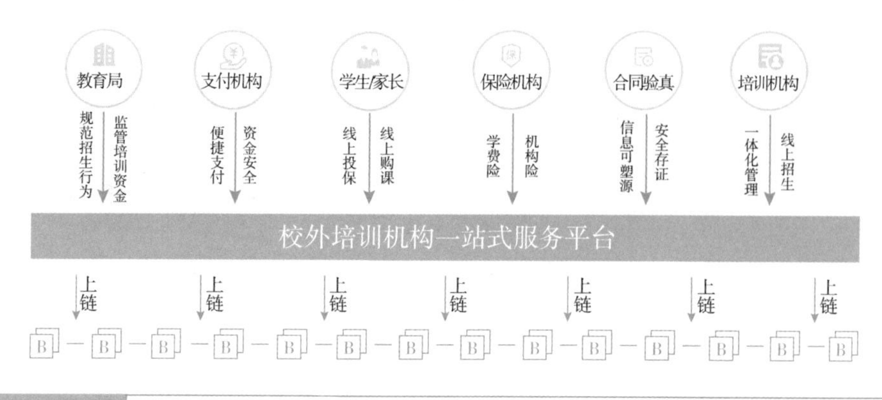

校外培训机构一站式区块链服务平台	平台利用区块链、人工智能、大数据分析等信息化手段，通过教育局端、机构端、家长端三介质，提供线上购课、线上购买保险、机构信用展示、风险预警等多项功能，实现对校外培训机构工作的信息化、公开化、透明化管理，提升校外教培市场的自治水平。

图 3-2　校外培训机构一站式服务平台架构图

训机构一站式服务平台通过建设不同端口的系统协同工作，实现了监测场景、课程管理场景、支付、事后举证维权场景等功能的落地。

①政府部门监测场景。政府监管部门通过审批管理后台和大数据可视监管平台来监管机构、预警风险。依照当地政府政策指导，在平台建立信用评估机制，严格把关机构信用资质，监督机构完成年检、信用报告等工作，力求机构运营资质公开透明，完善教育培训行业机构评估标准。通过风险预警、审核平台机构资质、规范平台机构行为，形成全覆盖的监管网络，基于区块链的数据可信能力和合约规划能力，监管方可以在平台上实现自动化、细粒度、穿透式的数据监管。

②机构课程管理场景。机构通过平台进行日常课程管理、学员管理、订单管理，实现教务系统信息化配置。课程管理模块可以对机构课程进行录入和编辑。在招生开始前，机构可以在系统的课程管理中提前录入本期所有课程，按照系统提示填写课程信息，不同机构均支持自定义课程模式。课程发布后默认为已上架状态，可由机构或家长操作购买。已创建的课程均支持编辑，需要由拥有权限的用户更新课程字段，课程可被下架，但不会被删除，可以操作后重新上架。在全过程中，机构经营信息数据加密、同时信息上链，不可篡改。

③家长支付、举证维权场景。平台为家长提供选课、购课、保障服务的一整套系统，解决家长信息量窄、沟通渠道单一、后期保障不到位的问题，简化报课流程，提高报名效率，大大节省前期报班成本，建立机构和家长的有效沟通渠道，实现信息化教育的双向共赢。同时政府推出机构风险险，在平台对入驻机构进行风险评估、风险预警，为家长提供双重保障，实现全社会、全覆盖的监督管理网络。交易信息全上链，保障家长事后维权、信息溯源。

④数据安全场景。依托全球领先的区块链核心技术对购课交易信息、资金流向、经营状况等全过程进行数据上链、固定和存证。区块链保障了数据的真实性、公开性和安全性，同时三方签署保密协议，严格保障机构的经营数据安全。

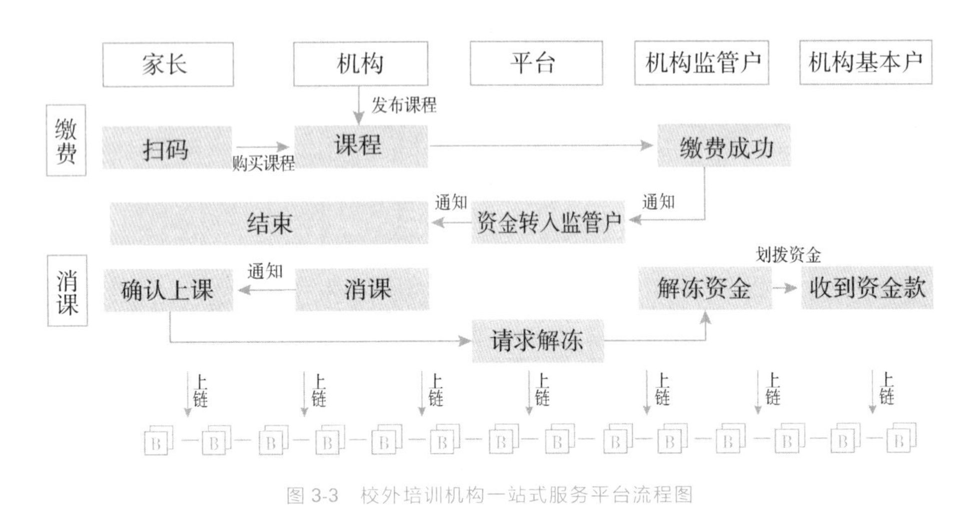

图 3-3 校外培训机构一站式服务平台流程图

同时与省级大数据局建立接口，调取省内大数据信息进行核对，严格审核机构工商信息，对公户余额，资金流水，实现资金监管，核实机构教师资格证信息，做到教师实名制；同时平台接入企查查，实现与企查查上的机构工商信息、经营状况数据接口，实时掌握机构的经营状况动态变化。

通过各个方面的监管，实现校外培训机构的信息化、公开化、透明化监管。

3.案例价值与成效

(1)案例成效。2021 年 4 月 23 日，产链建设的校外培训机构一站式服务平台——“甬信培”荣登浙江省数字社会第二轮“揭榜挂帅”名单，为实现综合集成服务提供了强大技术支撑。2021 年 6 月，浙江省教育厅在揭榜挂帅项目的基础上进行省级校外培训数字化监管应用——“浙里培训”开发，委托产链为此项目提供技术服务。2021 年 9 月，“甬信培”入选“2021 年度宁波市区块链示范项目”。截至目前，平台已入驻超过两千家机构，报名学员总数四万余人，学费订单总量超过两亿元。

(2)案例价值。利用区块链技术实现教育局、培训机构、银行、保险、家长等在链上节点的信息互通，联合当地政府推出学费险，帮助机构提高招生效率、管理数字化，保障家长权益，减少中间成本，解决报班程序烦琐、管理不规范、机构信用难以保障等问题。整合各环节数据上链，增强机构家长多方互信，交易数据上链安全共享，资金支付便捷高效，资金流向公开透明。

①机构和家长节省沟通成本。一站式购课服务平台，为家长提供选课、购课、保障服务的一整套系统，解决家长信息量窄、沟通渠道单一、后期保障不到位的问题，简化报课流程，提高报名效率，大大节省前期报班成本，建立机构和家长的有效沟通渠道，实现信息化教育的双向共赢。

②家长购课权益得到保障。平台依照当地政府政策指导，建立信用评估机制，严格把关机构信用资质，监督机构完成年检、信用报告等工作，力求机构运营资质公开透明，完善教育培训行业机构评估标准。同时推出机构风险险，对报名机构进行风险评估、风险预警，为家长提供双重保障，实现全社会、全覆盖的监督管理网络。

③社会教育得到优质发展。根据机构信用、课程设置、学员评价等参考因素综合排名，提高优质课程曝光率，鼓励机构合作建立好课联盟，打造优质课堂平台，减少家长寻找成本，提升课堂教育质量，促进教培行业可持续健康发展。

④机构教培管理信息化、高效化。教培机构服务端为教培机构提供课程管理发布平台，涵盖课程发布、线上收缴、财务对账、优惠管理等服务，助力教培机构提升信息化办学水平。

⑤教育行业建立“互联网＋监管”新体系。提供机构课程与资金的全视图监管服务，协助教育部门全面掌握教培机构开班办学与资金收付情况。通过年检年审、风险预警建立健全教育行政部门、学校、家长、培训机构、保险和社会共同参与的风险防范机制。审核平台机构资质，规范平台机构行为，形成全覆盖的监管网络。

⑥教培产业生态得到优化。依托平台特色的机构评价体系，以区块链技术实现教育局、培训机构、银行、保险、家长等在链上节点的信息互通。

（案例来源：杭州产链数字科技有限公司）

· 国外典型案例

【案例二】 Blockcerts学历证书区块链

1. 案例背景及解决痛点

证书是证明资格或权利的文件，是帮助断定事理的凭证。证书在多种场合发挥着巨大的作用，例如大学学位证书可以证明自己的学历，帮助人们获得想要的工作。理想情况下，我们应自身持有证书，在合适的场合出示，但大多情况，我们不得不依赖权威第三方来存储、验证证书，以确保自己的证书安全有效。这些方式存在诸多弊端，自身持有的证书容易丢失且难以验证真实性，而向第三方申请验证则需要一定时间成本，同时存在第三方不可靠，节点瘫痪遗失的风险。

针对上述问题，Blockcerts提供了一个去中心化凭证系统，比特币区块链充当信任的提供者，电子凭证具有防篡改性与可验证性，Blockcerts开始是作为麻省理工学院媒体实验室(MIT Media Lab)的研究项目，其可用于发行任何类型的证书，包括专业证书、成绩单、学分或学位。

2. 案例内容介绍

Blockerts是一个基于区块链的可以创建、颁发并验证学历证明文件的开放性平台，由开源库、工具和移动应用程序组成，支持去中心化、基于标准、以收件人为中心的生态系统，利用区块链技术实现信任验证。通过Blockerts平台创建学术证明、成绩单和资格证书等记录，并可以审查文件是否可信与其中伪造的信息。

Blockcerts主要包含四个组件：

颁发者：大学创建数字学历证书，其中可包含关于个人技能、成就或特征，并将其注册在比特币区块链上。

证书：证书是开放兼容的，并且开放正成为一个IMS标准。

验证者：任何人都可以在不依赖颁发者的情况下验证证书是否被篡改、由什么颁发者颁发、颁发给什么用户。

钱包：个人可以安全存储证书，并与他人共享(例如雇主)。

3. 案例价值与成效

对于学生，平台消除了传统方法烦冗的中间过程，向学生提供一种便携高效的专业技能、学历资格的展示、验证手段。对于高校等证书颁发机构与雇主，平台可以有效减少学术欺诈风险，证书永久性地存储在链上，不会遗失或篡改。Blockerts所做的工作是教育领域上链的第一步，为教育行业区块链化提供了良好的基础。

在2018年，有超过600名麻省理工毕业生选择接受Blockcerts区块链上的数字毕业证书，这些学生的学术记录将永久保存在区块链撒花姑娘，未来的雇主可以即时验证。而在2019年，巴林大学也表示会使用Blockcerts发布文凭。

(案例来源：中国电信研究院、北京知链科技有限公司，来源于网络)

【案例三】 ODEM按需教育市场区块链

1. 案例背景及解决痛点

在线教育是指使用互联网等传播媒体的教学模式，有别于传统的线下教育，该教育模式具有方便快捷，不受地域约束等优点，但另一方面，在线教育存在着师生及教学机构资历认证难、网络交易存在隐患等多方面问题。区块链技术可以为资格认证与网络安全交易创造条件，同时实现了在线教育的去中心化，打破了教育机构对教学资源的垄断，令所有人都有机会获得均等的教育资源。

按需教育教育市场公司（On-Demand Education Marketplace，ODEM）是一家瑞士的全球教育服务提供商，由经验丰富的教育技术资深人士 Richard Maaghul 于 2017 年创立，其愿景是利用区块链改造当今效率低下的教育和就业行业。

2. 案例内容介绍

ODEM 的按需教育平台基于区块链搭建，确保安全可靠的教学活动与支付流程，并利用人工智能技术管理用户请求，致力于将全球师生、教育机构联系在一起，打造去中心化的在线教育服务。

（1）机构合作与资格认证。ODEM 平台与全球多所高校与学术机构展开合作，提供课程服务。与传统在线教育不同的是，在学习者课程结束后 ODEM 能够为学生提供区块链资历认证，与传统学历凭证有等同的认可度，学习者还可以向平台申请对自己的知识技能进行评估认证，认证过程经相关部门监管。学习者得到的资历证书、技能证书等凭证将永久存储在区块链上。

（2）按需教育与教学评估。平台提供的按需教育主要体现在教育者与学习者的直接沟通，一方面，学生与老师可以双向选择，平台允许学生自定义学习需求，选择合适的老师与课程，教师则可以自定义发布的教学内容，该资源存储于链上，其他人可以通过支付版权费获取使用权。平台可为教学质量提供背书，提供统一教学评估标准，将所有教师和课程的评价评级存储于区块链上，平台无法篡改教育和课程信息，既防止行为不端者发布虚假信息获取好的评价评级，透明的信息评估机制也对教师起到了激励作用，改善教学氛围。

（3）货币激励与平台交易。ODEM 为将抽象的权益（如师生的资历）物化为可计量、可流通的凭证，引入了 ODEM Token（ODE）。在 ODEM 平台，ODE 是获取资源访问权限的唯一凭证，学生通过 ODE 支付学费，教师、服务提供方通过 ODE 收取酬金，这些代币均可在 ODEM 平台购买、交换或退还。这种基于代币的交易规则促进了在线教育主体间的互动，激活了平台资金流，同时区块链的可溯源特性降低平台上交易的造假风险。

3. 案例价值与成效

区块链在线教育的价值主要由其去中心化与安全性所决定。分布式可溯源的数据存储方式能更方便地验证师生与教育机构的证书与风评，有利于客观评估参与实体的能力与价值。同时，分布式平台更有利于各教育机构利弊权衡，能有效促进教学资源的整合，打破教育资源垄断。平台交易通过ODE进行，机构信息与交易流程全部公开透明，能保障在平台上教学交易的安全性。

ODEM平台已吸引了来自166个国家的3万余名用户，并与世界各地的各种大学、学院与雇主合作，包括南艾伯塔理工学院、日内瓦大学、开罗美国大学等。ODEM交易平台的证券也已初具规模，截至2018年第一季度，平台筹措大约1亿ODE，约为1000万美元；而在2020年，在线教育成为新冠疫情流行中最为有效的教学手段，ODEM向全球学校和教育工作者免费提供在校综合学习平台和认证管理系统，以继续对学生进行教育，直至疫情好转。

（案例来源：中国电信研究院、北京知链科技有限公司，来源于网络）

3.2 医疗健康

· 国内典型案例

【案例四】 数钮科技 Medevid 区块链科研协作平台

1. 案例背景及解决痛点

临床科研对于推动医学进步及发展必不可少。临床科研是指对临床医学资源的发掘、收集、整理及利用，其中大样本、多中心临床研究是目前疾病诊疗及药物开发的主要循证证据来源。

我国临床医学研究部署不够，在临床医学这一重要环节的科研创新平台建设“几乎空白”，导致临床研究团队的专业化建设严重滞后，临床资源高度分散、缺乏整合，临床研究创新不足、水平不高，整体发展滞后的短板问题十分突出。

医疗机构间开展科研业务协作面临如下两个难题：一是数据共享难。协作数据分散在各医疗机构内，由于没有有效的协同激励和安全保障机制，各机构不愿、不敢开放医疗数据共享。二是数据应用难。各机构的数据分散在不同厂商不同种类的信息系统中，由于系统的异构性和数据标准不一致，使得多机构的数据很难在医疗协同中进行融合使用。

大力加强临床医学研究体系的建设已成为世界各国推进医学科技发展的重要战略方向。以医疗机构为主体、以网络为依托，聚焦重大疾病，系统构建各疾病领域和临床专科的中心，将为完善国家医学创新体系，增强创新能力，加快突破现有疾病诊疗技术的局限性，探索适宜我国国情的、更为经济有效的疾病防控手段，提高疾病防治水平提供强有力的支撑。

2.案例内容介绍

Medevid区块链科研协作平台，旨在利用区块链技术、医疗大数据治理与医疗临床数据标准化，建立标准、可信、安全、可持续发展的多中心临床科研协同服务联盟链，提升区域科研中心、科研机构、医疗机构在发展数据智能竞争力、科研数据化转型时，所面临的数据获取难、任务繁重、课题挑战大、尝试成本高等问题。

平台采用功能和性能均通过工信部评测为双向第一的国产自主区块链技术——Hyperchain，趣链科技研发的国产自主可控区块链底层平台满足企业级应用在性能、权限、安全、隐私、可靠性、可扩展性与运维等多方面的商用需求，并以高性能、高可用、可扩展、易运维、强隐私保护、混合型存储等特性更好地支撑企业、政府、产业联盟等行业应用，促进多机构间价值高效流通。

平台具有万级TPS吞吐量和毫秒级系统延迟，是国内第一批通过工信部标准院与信通院区块链标准测试并符合国家战略安全规划的区块链核心技术平台。

Medevid区块链科研协作平台利用现代化信息技术，以区块链、联邦学习、云计算、大数据和互联网技术为依托，建设基于医疗数据融合与隐私计算平台，为国家级科研基地、区域医疗中心、大型科研院所等机构提供新型数据融合基础设施与临床科研平台（见图3-4）。

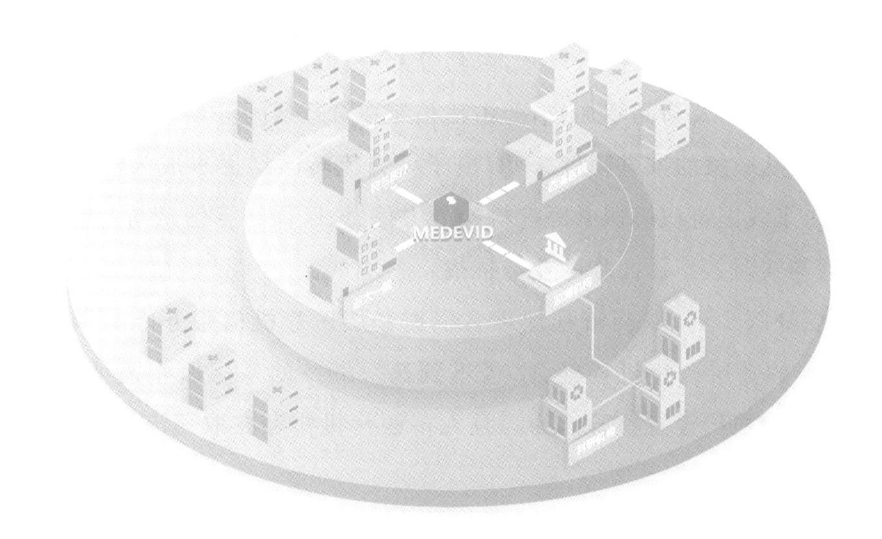

图3-4 Medevid区块链科研协作平台打造的科研联盟链

平台聚合顶尖科研团队和临床医疗机构，并不断吸引科研机构、临床医疗机构、基层医疗机构（医共体等）加入，可在平台构建的安全互信机制下广泛开展多方相互交流、内外协作，进行高水平、高质量的研究探索，为医学科研机构与企业重要、创新的数据科学难题提供优质解决方案。

同时在保障高效科研协作、优质成果产出的同时，Medevid 区块链科研协作平台还构建一整套公开、透明、公平的医疗数据贡献机制，利用智能合约技术解决数据贡献方、研究单位间的成果分享、经济核算。

3. 案例价值与成效

区块链曾被称为第四次工业革命的新兴技术，是分布式数据存储、点对点传输、共识机制、加密算法等计算机技术的新型应用模式。基于分布式大数据技术建立的医疗大数据科研平台，利用独特算法将各医院及医院各科室，甚至是同一科室的不同课题之间的数据做加密，保证医疗数据和患者隐私的安全。基于上述一系列技术保障机制，Medevid 区块链科研协作平台将努力构建多方互信、开放透明的科研协作机制，让更多背负数据安全包袱并迫切需要打破僵局的医疗机构大刀阔斧加入科研协作联盟链，与联盟成员共同致力于开放、高效的临床科研工作，大幅提升临床科研成果产出效率和水平，更好反哺临床诊疗、造福百姓健康。

（案例来源：杭州数钮科技有限公司）

【案例五】 百度区块链电子处方流转平台

1. 案例背景及解决痛点

自 2009 年新医改政策推行以来，医药分开一直是医改的核心内容之一。随着医改的持续推进，以及药品零加成、药占比控制在合理区间等要求加快了医药分离的发展进程。从政策的推进程度来看，电子处方流转已经逐步成为医药行业主要发展趋势，未来我国将积极探索医疗机构处方信息、医保结算信息与药品零售信息的互联互通与实时共享。面临的业务挑战：

(1)基层缺医少药，取药流程烦琐。根据基层医疗机构服务能力调研结果显示，超过 62%的基层医疗机构经常“买不到药”；89%的基层医生需要咨询药师；68%的基层医疗机构没有检验能力。且大多医疗机构存在取药流程长、取药流程效率低等问题。

(2)处方难以外流，处方规范化不足。当前，医院的 HIS 系统与药店的 ERP 系统相对独立，形成一个个医疗数据孤岛，医院、药店等药品信息匹配困难，成为电子处方流转的阻力和障碍，医院处方难以外流，造成药店处方药，销售受阻。同时，纸质处方合规性难以保障，可改、冒用、过期等问题长期存在。

(3)患者、医疗机构、监管单位都有不便。对于慢性病患者而言，往往每半个月就需到医院进行复诊，每次复诊都需完成排队挂号、就诊、付款、取药等一系列流程，就医体验差且极大程度占用了初诊患者的医疗资源；对于医疗机构而言，由于医院的 HIS 系统与药店的 ERP 系统相对独立，医院、药店等药品信息难以匹配，处方与药品信息共享受阻，造成部分医院无法获得所需药品，延误对患者的诊治；对于监管单位而言，医疗市场存在假冒处方、冒用处方、过期处方等问题，造成监管压力。

2. 案例内容介绍

百度区块链电子处方流转平台，通过将医生诊断记录、处方、用药初审、取药信息、送药信息、支付信息等“盖戳”后记录在电子处方流转链上，使医生能够远程开具电子处方，患者在本地药房购买处方药，实现医药分离。同时，消费者在购买药品时，通过将个人数据上传，实现购买过程透明化，满足监管需求，避免处方被滥用等情况。最终，解决传统医疗服务中数据共享、流通、归集和安全问题，实现政府对诊疗过程事前提醒、事中监控、事后追溯的全方位监管。医疗区块链大数据网络见图 3-5。

方案优势：①打破各个数据孤岛，促进大数据流通　③通过大数据汇聚患者看病信息，对接报销机构，实现快速可信报销
②通过区块链网络，保障医疗大数据隐私　④建立区块链大数据网络，治理和监管处方药的买卖

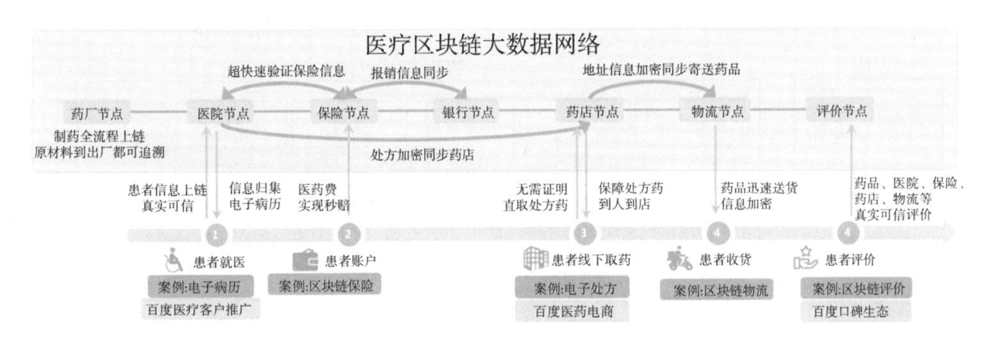

图 3-5　医疗区块链大数据网络

百度区块链以自研区块链技术作为支撑，在医疗应用系统和数据平台底层搭建分布式数据存储的区块链网络平台。将原有医院、药店等中心化、各自独立的平台，通过区块链网络连接成多中心化、具有数据监管能力的数据网络。

平台通过连接医院、药店系统，将患者信息、诊疗信息“盖戳”后上链，保证电子处方数据的可信和可追溯，并利用智能合约、加密等技术来保证业务的公正透明，数据流转的安全合规。通过处方流转平台，将更多门诊处方药的配药权从医院和基层医疗机构转到药店，便利基层医疗，支持线上或线下就医和取药分离、减轻就医压力，有效解决患者看病难等问题，得以推进新医改医药分离政策落实。

区块链具有不可篡改、分布式存储等特性，数据加密技术可有效保护患者的隐私数据，构建数据协同共享机制；智能合约等技术保证了业务流程的规范性，防止数据篡改和不合规问题的发生；区块链的数据可追溯能力还可以准确地定位追踪药品使用情况，监管部门能够更好地对药品进行监管。

百度基于区块链技术构建了医疗数据共享和协同系统，该系统底层网络由医疗服务机构、药店、医保、卫健委等节点构成，通过打通各个医疗数据孤岛，实现电子病历共享、电子处方流转、医保支付打通、药品溯源追踪以及医保基金监管等功能。可归纳为以下几点：

(1)保障医疗数据安全：非对称加密技术的安全性高、多方协作简单等特性应用到区块链技术构成的点对点网络中，实现医疗记录跨域分享的可追踪、数据的不可篡改和身份验证的简化。

(2)打破医疗数据孤岛：建立联盟网络，医院、药店等多节点，诊疗记录、电子病历多方共享。

(3)通过大数据汇聚患者看病信息：对接报销机构，实现快速可信报销。

“电子处方审核流转系统平台”底层网络基于百度自主研发的超级链 XuperChain 开源技术搭建，由多个网络节点构成，见图 3-6。

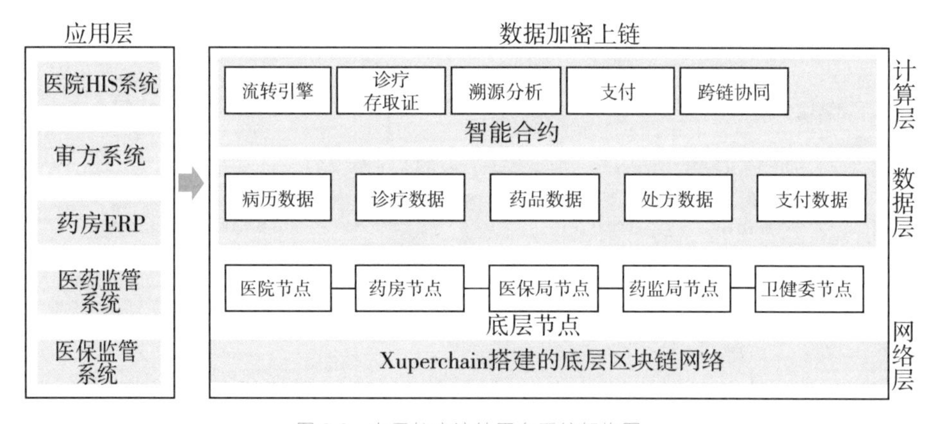

图 3-6　电子处方流转平台系统架构图

建立区块链网络：医院、药店作为网络节点接入区块链，医保局、卫健委、药监局等机构均作为监督管理角色加入网络，形成分布式数据存储与权威监管并存的区块链网络；

数据上链：将医院 HIS 系统、药店 ERP 系统与区块链网络实时对接，通过 SDK 将线下实体医院、互联网医院的每一条诊疗行为，包括患者信息、检查检验报告、诊断记录、电子处方等信息都完整记录并实时上链存储。同时，随着取药流程的推进，处方分发、患者拿药、结算等信息也会上链，实现从就诊、处方开具、审方、配送、患者用药等全流程医疗行为追踪；

实时监管：通过对电子处方流转的每一个节点的实时监管，保障电子处方合法合规。

3. 案例价值与成效

(1)数据可靠可信。特色核心技术与硬件设备、软件终端结合，数据生成即可上链，杜绝违规操作的可能。

(2)防篡改保合规。电子处方信息上链，被上链固化，智能合约保证业务流程规范，杜绝处方修改、冒用等不合规问题出现。

(3)保护公民隐私。身份验证、权限授权、验签、数据加密、过程加密的保证下，保护公民隐私数据。

(4)实现穿透监管。从医院到药店，患者挂号、就诊、开方、取药、支付完整的业务流程及信息上链、可追溯，便于医疗机构实施监管。

(5)数据协同共享。多节点分布式同步存储，打破医疗信息孤岛，实现医疗机构数据共享，提升数据协同效率。

（案例来源：杭州数钮科技有限公司，来源于网络）

· 国外典型案例

【案例六】 PokitDok与英特尔的DokChain医疗区块链项目

1. 案例背景及解决痛点

PokitDok是一家提供医疗API服务的公司，他们与英特尔合作，推出DokChain医疗区块链技术解决方案。该方案通过区块链来监控医疗过程，并应用于医疗保健系统中。它使用英特尔的开源区块链程序作为底层账本，并使用英特尔的芯片处理区块链上的交易请求。据报道，有40多家医药集团都参与了这一医疗区块链项目。

2. 案例内容介绍

DokChain使用区块链跟踪交易，并将其应用于医疗保健系统。英特尔的开源产品Hyperledger Sawtooth将作为DokChain的底层账本，通过使用英特尔芯片处理区块链交易请求。据报道，拥有包括Amazon、Capital One、Guardian和Ascension等40多家集团的联盟也有参与。

通过合作，DokChain将通过智能合约提供身份管理，验证和处理交易。在现行的保险索赔处理模式上取得了重大的进展，可以即使处理保险索赔，而不是等待

90～180 天或者更长处理时间，也不需要各种烦琐的举证。DokChain 也提供其他区块链解决方案，包括处方透明定价，更好的药品供应链管理，确保病人的个人数据安全和预防欺诈。像能源部门，医疗卫生系统需要高水平的信息安全，主要是由于严格的 HIPAA 要求。

3. 案例价值与成效

医疗块链解决方案 Dokchain 可以为医患提供身份管理，用来验证并记录医疗交易买卖双方的信息，验证成功后，这笔交易可以立即按约定的合同执行。将其应用在医疗索赔方面，将会大大提高赔付效率。Dokchain 还可以用于医疗供应链的验证，当医生开处方后，信息会被记录在块链上，消费者会看到公开透明的药物价格，这也将会在医疗用品的库存和订单管理上产生深远影响。Dokchain 在这些方面布局后，可以有效降低医疗欺诈，消除目前工作流程的大量摩擦并且有效保护患者隐私。

（案例来源：杭州数钮科技有限公司，来源于网络）

3.3 住房保障

- 国内典型案例

【案例七】 中国建设银行住房租赁服务区块链平台（“住房链”）

1. 案例背景及解决痛点

中国建设银行积极贯彻党的十九大关于“加快建立多主体供给、多渠道保障、租购并举的住房制度”的相关精神，认真落实“让全体人民住有所居”的历史使命和政治任务，依托在住房金融市场的资金及管理能力，以金融科技的发展为契机，举全行之力，探索住房租赁业务的经营模式，把握住房租赁市场的规律，并率先在国内打造统一的住房租赁服务平台，截至目前已经在全国 300 多个城市投入运营。

近年来，区块链技术已逐渐成为各国政府、国际组织、学术界和产业界研究的热点。经过前期的技术积累和沉淀，区块链技术已经从概念验证逐渐走向成熟。建设银行一贯重视金融科技创新，积极探索金融科技新技术在住房租赁领域的应用，经过前期的积累和沉淀，区块链技术已经在住房租赁云服务中成功落地。通过区块链的价值连接，重塑现有的住房租赁商业模式，促进新的价值体系的形成，以科技创新为产业赋能。

2. 案例内容介绍

中国建设银行在住房租赁项目中基于区块链技术打造了“住房链”。“住房链”依托区块链技术信息共享、去中心化、不可篡改、公开透明的特征，通过智能合约实现市场化交易平台之间对房源信息的共享与同步，打通政府、租户、租赁企业、物业管理等各个参与者之间的关系，将信息流、物流和资金流贯通起来，在多方共识的基础上对住房租赁交易的行为进行存证，保证交易的公开透明，为政府监管提供可信的市场交易数据。住房链主要业务流程见图 3-7。

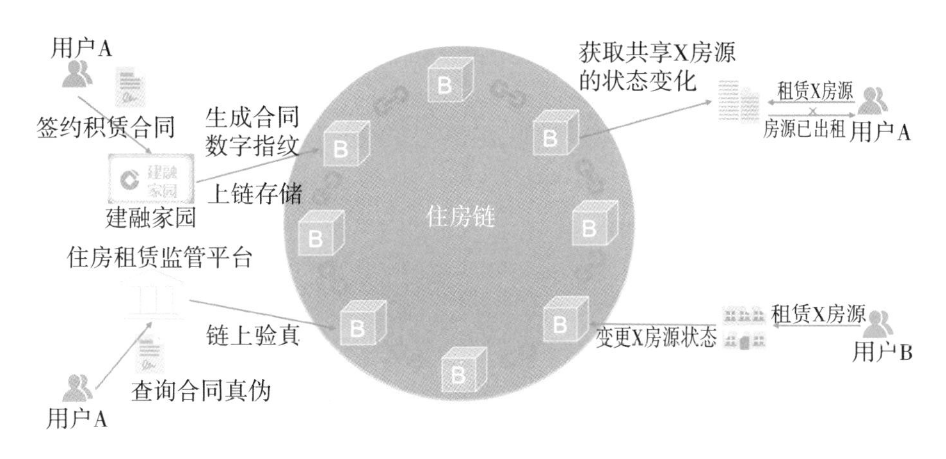

图 3-7　住房链主要业务流程

在系统建设上，平台构建建融家园、市场交易平台、出租人、承租人、房产经纪人、政府之间关于房源信息、房源状态、房屋配置、水电煤气使用情况、租赁合同等数据的可信共享机制，实现数据存储不可篡改和可信共享。同时，通过智能合约驱动各部门业务系统，实现房源商家、房源预定、房源签约、房源下架等关键节点自动执行，链上记录，准确地记录从房源投放、客户看房、客户预定、客户签约、入住、换房、退租等各个环节状态变化，并将状态的变化实时同步给其他的市场化交易平台，实现全流程数据可信。

在跨区域、跨平台协作方面，“住房链”通过标准化各平台数据交互格式，建立统一的接入接口，为各参与方提供统一协作平台，各租赁平台可根据自身技术能力选择 SDK 接入、服务接入、独立节点接入三种接入方式，通过加密技术保护各方数据的有效安全传输。在安全性保障方面，使用数字签名、数字指纹、数字信封等方式，并将租赁合同的数据指纹“上链”存储，并向出租人、承租人、政府监管、市场化交易平台提供合同的存证和验真服务，保证数据的不可抵赖和完整性。同时，利用非对称加密算法对平台权限进行精准控制，确保操作人与操作权限精准绑定，杜绝越权操作。在数据的时效性与一致性方面，区块链的共识机制保证所有参与方都会获得一致的数据，通过智能合约驱动业务过程流转，链上的数据更新后，向所有参与方发送通知，完成相应的交易指令。住房链技术方案见图 3-8。

图 3-8 住房链技术方案

3. 案例价值与成效

住房租赁平台是建设银行重点打造的战略行业应用，区块链技术在住房租赁平台的落地实施，拓展了区块链应用落地的边界，其在住房租赁领域的探索属业内首创，是建设银行住房租赁生态圈建设的里程碑，为区块链技术在建设其他业务领域的应用实施起到了示范性意义。“住房链”于 2018 年 2 月 9 日首次投产，为参与方提供住房租赁合同存证验真和房源信息同步服务，保证住房租赁交易的公开透明，为市场参与者提供准确的房源共享信息，为监管机构提供可信的租赁交易数据。截至目前，“住房链”在北京、天津、广东、辽宁、浙江、贵州、河南等七省市投入运行，接入我爱我家、碧桂园、芒果网等九家租赁平台，累计上链房源逾 10 万套。

“住房链”为政府和市场参与者构建一个资源共享、交易有序、公开透明的住房租赁生态圈，培育“长租即长住”新理念和新市场，重塑现有住房租赁市场的运营模式，促进新的价值体系的形成。所有的市场化交易平台通过区块链的共识机制共同维护链上交易的公开透明，保证交易公平公正，在房源信息共享的同时，从根本上解决“一房多租”可能引发的经济纠纷。通过区块链不可篡改的特性实现对住房租赁交易的追溯，维护交易双方的合法权益，并且向政府监管机构提供可信的住房租赁交易信息。

（案例来源：中国建设银行）

【案例八】 “区块链交房即交证”管理平台

1.案例背景及解决痛点

2021年12月,津市市首次推出基于区块链的“交房即交证”平台,打造透明、可信、安全、高效的不动产服务新模式,使房地产开发商和百姓获得“简、快、准”的办事体验,在“一件事一次办”改革中迈进了一大步。

“区块链交房即交证”管理平台利用区块链多中心化、防篡改、可追溯等特性,加强自然资源规划、住建、房管中心、税务等部门的办证资料共享协作,通过数据共享、流程优化,提升办事效率,各职能部门通过平台工作联动,强化过程管控,健全监督体系,透明化办证业务各流程节点,指导开发企业优化施工管理、积极履行主体责任,购房者按时、按要求提供相关材料,实现交房时取得《不动产权证书》。

2.案例内容介绍

“区块链交房即交证”管理平台服务对象主要为津市市住建局、税务局、房管中心、自然资源规划局、房地产开发商和购房者(见图3-9)。主要系统及功能如下:

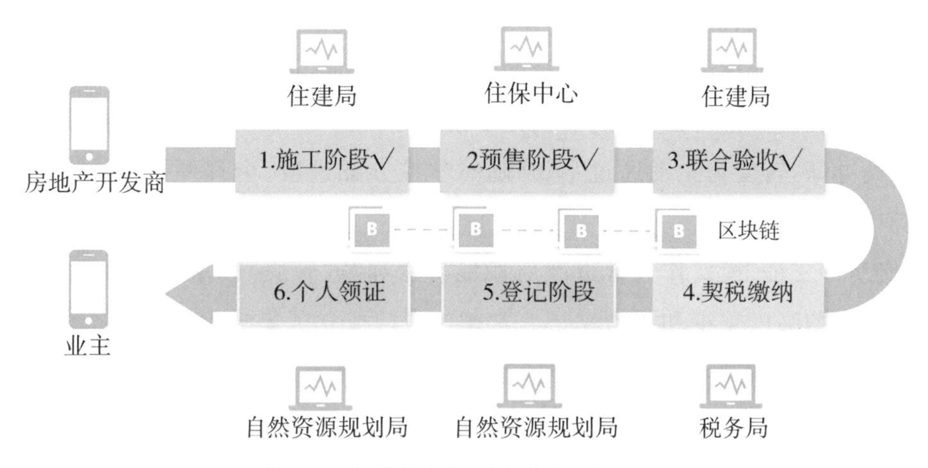

图3-9 “区块链交房即交证”管理平台方案

(1)交房即交证区块链基础平台:为房地产开发商和购房者提供区块链底层服务功能,实现预售、施工、验收、登记阶段四个阶段各项审批申请流程数据和证件资料的存证固定,提供已存证上链的数据的简单易用的校验服务,提供链上数据的归档和恢复功能,通过区块链浏览器,可以实现对系统运行状态、链上数据情况等的可视化的管理和监控;

(2)交房即交证管理端(PC端):实现住建局、住保中心、税务局、自然资源规划局资料透明共享、协同审批管理,同时能够把审批过程中的困难点、问题点及时反馈给开发商;

(3)交房即交证开发商端(PC端+智慧津市APP后端):提供开发商项目管理、企业信息资料上传、审核结果推送提醒等功能,为开发商提供一个透明的审批流程,并通过系统预设的时间,提前提醒开发商及时发起申请,加快办证效率,所有信息上链存证,职责分明;

(4)交房即交证购房者端(PC端+智慧津市APP后端):提供购房者购房合同管理、房屋产权转移登记申请及取证、系统自动推送办证进度等功能,购房者也可以查询交房即交证过程的关键进度情况,做到全流程透明化。

3.案例价值与成效

津市市"交房即交证"创造性融合了区块链技术,在购房合同备案流程中,利用区块链智能合约、共识机制、不可篡改等特性,实现了安全可靠的跨层级、跨部门、跨区域的资料互认共享,不动产登记业务部门可以在链上高效协同联动,相关政务信息资源智能共享整合,避免了相同的资料文件重复提交的情况,整个不动产登记流程更加透明、顺畅,进一步压缩了开发商和购房者的办证时间。

在传统的开发商办证过程中,开发商需要与各部门申请对接,资料有问题需人工咨询提交,难以预估办证周期,如今通过智慧津市APP上的"交房即交证"功能,开发商可以一手掌握申请全流程,资料问题线上提示,可办理事项提前推送提醒,部分流程可提前申请,大大提升了整体申请效率。同时,购房者也从过去的被动等待开发商办证,转变为主动通过APP随时掌控办证进度、全程便捷化办理领证和缴纳契税等事宜。

"交房即交证"模式作为推进政府职能转变和"放管服"改革的重要内容,受到常德市政府的高度重视和大力支持。常德市专门成立了集中化解房地产办证和物业管理信访突出问题专项行动领导小组,制定了改革实施方案,明确各部门职责分工。一方面通过行政手段,引导房地产开发企业依法诚信经营、重视项目监管和服务质量,严格落实不动产登记的主体责任,另一方面通过政府部门主动提前介入,及时组织完成竣工验收,切实保护购房人的合法权益。未来,津市市将继续推进便民服务常态化,从源头解决群众的操心事、烦心事,不断增强百姓幸福感和获得感。

(案例来源:杭州链城数字科技有限公司)

· 国外典型案例

【案例九】 PEXA区块链房产交易平台

1.案例背景及解决痛点

澳大利亚房地产交易所(Property Exchange Australia, PEXA)是澳洲一个全

国性的电子产权交易所，拥有涵盖金融机构、律师等行业的上万会员，是一个庞大的房地产交易平台，每年的网上成交额可达数十亿澳元。在2018年以前，房地产交易平台上一直存在着安全隐患，例如，一个位于墨尔本的家庭在PEXA的交易中被黑客攻击，损失了25万澳元。

澳大利亚新南威尔士州土地登记管理处一直维护和管理者一个传统的应用系统，该系统中记录了该州全部公共和私人的土地合法所有权信息。据报道，2016年新南威尔士州颁发了300份不正确的证书。2017年因为安全问题被勒令停止运营，只能处于私营管理的状态。2018年新南威尔士政府要求该州所有财产交易都需要以数字形式存储，无需再使用纸质证书。

瑞典初创公司ChromaWay基于区块链技术打造的数字化房产登记平台，将线下手工处理的所有权登记转到线上，利用区块链技术去中心化、不可篡改、可追溯的特性，记录土地所有权转让的各个环节信息，解决传统纸质文件造假及数据丢失问题，避免因技术问题造成用户家庭财产损失。因PEXA在2018年发生的黑客攻击事件，在新南威尔上州政府授权登记完成电子产权交易的前提下，新南威尔士州土地登记管理处与ChromaWay公司合作，启动了基于区块链的房产产权交易项目。

2.案例内容介绍

新南威尔士州土地登记管理处与区块链技术公司ChromaWay合作，基于区块链去中心化、可追溯、不可篡改的特性打造可信数字平台，取消所有纸质的所有权证书，通过区块链技术来记录数据、提升交易效率，并提供智能合同。2019年7月新南威尔士州土地登记管理处完成了电子产权交易平台的过渡，将物业交易及产权登记数据从目前的手工纸面记录模式，转至区块链技术支持的数字平台，解决传统纸质文件造假及数据丢失问题，避免因技术问题造成用户家庭财产损失。ChromaWay利用区块链技术确保了数据的不可篡改性，减少不必要的数据重复，提高了信息透明度和系统安全性。

此外，PEXA为了解决安全问题，在系统设计方面，使用智能合约驱动业务流转，用密码学技术保证链下链上身份一致性，使用户无需亲临现场即可实现链上合同签署。在数据共享方面，用户摆脱复杂流程，只需起草及签署一份文件即可实现多方在线共享。在资金支付与结算方面，PEXA同样使用智能合约技术实现链上支付与自动核查功能，最大程度地保证资金按时存入指定账户并实时结算。

3.案例价值与成效

在新南威尔士州政府的推动下，成功地利用区块链技术将该州所有的主流房地产交易以电子方式进行，确保了交易信息的准确性和安全性。同时该项目成了澳大利亚政府试行区块链技术的成功案例，激励了银行和其他金融机构将纸质证书转换为电子证书以及探索区块链技术在其他应用领域的实践。

PEXA 世界首创的区块链房产交易平台彻底改变了澳大利亚房产的交换方式，通过提供链上数据可信存证、共享和近乎实时的财产结算跟踪，有效提高了城乡土地的价值安全，建立了高效和透明的交易框架，使平台入驻的数百家金融机构及法律和产权转让公司每周帮助 20000 多个家庭实现不动产安全快速交易。

（案例来源：中国建设银行，来源于网络）

3.4 养老保障

· 国内典型案例

【案例十】 工商银行企业养老保险基金省级统收统支系统

1.案例背景及解决痛点

党中央、国务院高度重视降低社保费率、减轻企业缴费负担工作。习近平总书记 2018 年 11 月在民营企业座谈会上强调“要根据实际情况，降低社保缴费名义费率，稳定缴费方式，确保企业社保缴费实际负担有实质性下降”[①]，在 2018 年 12 月的中央经济工作会议上对实施更大规模的减税降费提出明确要求。2019 年 4 月，国务院办公厅（国办发〔2019〕13 号）印发《降低社会保险费率综合方案》，指出“各省要结合降低养老保险单位缴费比例、调整社保缴费基数政策等措施，加快推进企业职工基本养老保险省级统筹，逐步统一养老保险参保缴费、单位及个人缴费基数核定办法等政策，2020 年底前实现企业职工基本养老保险基金省级统收统支”。

河北省人社厅以习近平新时代中国特色社会主义思想为指导，全面贯彻落实中央和省各项决策部署，全省社保 5 个险种（企业养老、机关养老、居民养老、失业保险、工伤保险）中机关事业单位养老保险、城乡居民养老保险、工伤保险业务系统实现了

①习近平：在民营企业座谈会上的讲话[EB/OL].(2018-11-1)[2022-11-12]. http://www.gov.cn/xinwen/2018-11/01/content_5336616.htm

省级集中,各险种基金核算系统实现了省级集中。结合国家要求,省人社厅积极组织推进企业职工基本养老保险基金省级统收统支,同时严控基金使用风险,确保基金运行安全,为此需要建设与之配置的省级统筹系统(基金统收统支)(以下简称基金统筹管理系统)保障企业职工基本养老保险基金省级统收统支工作的落地实施。

2.案例内容介绍

由中国工商银行承建的河北省企业职工基本养老保险基金省级统筹管理信息系统,对接全省社会保险基金财务系统、全省社保统一受理系统、全省企业养老保险后台服务系统、财政系统以及相关银行,实现企业职工基本养老保险基金省级统收统支电子化操作流程。

系统以基金统筹管理全过程为重点,对基金统收、基金统支、社保财政对账及基金预算管理实现电子化操作,借助本系统实现河北省企业职工基本养老保险基金的省级统筹管理;通过社保基金申请和拨付信息的统一管理,实现社保基金审批效率和资金投向科学、标准;通过驾驶舱视图,实现资金使用过程的监督和刚性约束,建设廉洁政府和阳光社保;借助区块链技术"不可篡改、智能合约自动执行"等特性打造的社保基金统筹管理新模式,实现资金流和信息流的统一,达到和资金使用的过程透明,将所有审批信息、拨付指令、电子回单等均记录在链上,依赖区块链不可篡改特性,防控基金风险;使用指令管理,各银行直接从链上获取拨付信息,可穿透式拨付,资金无须沉淀,简化拨付流程;使用智能合约,自动生成拨付指令、自动回退发放失败资金,减少资金沉淀,提高工作效率;链上记录所有账户的收支流,信息链上记录,社保财政准实时对账,提升统筹效率。

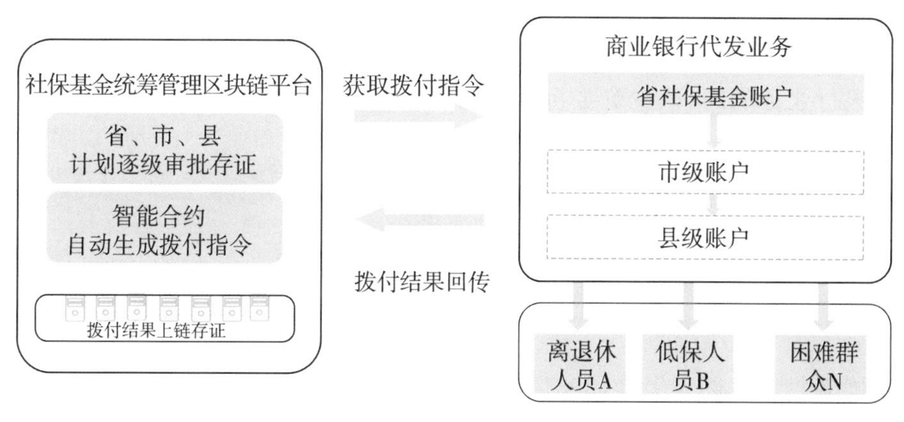

图3-10 业务流程示意图

利用区块链公开透明、可追溯、不可篡改的技术特性,把财政资金申请和拨付过程上链,依据社保基金申请和拨付过程的信息流,实现资金流透明支付,系统体现了以下几点新特性：

风险降低、监管透明：将所有审批信息、拨付指令、电子回单等均记录在链上，依赖区块链不可篡改特性，防控基金风险、提高监管效率。

流程简化、精准拨付：使用指令管理，各银行直接从链上获取拨付信息，可穿透式拨付，资金无须沉淀，简化拨付流程，打通信息壁垒。

掌控全局、统筹把控：链上记录所有账户的收支流，信息链上记录，财政可有效掌控全量信息，统筹工作。

3.案例价值与成效

系统自2020年7月上线以来，实现养老基金从省级到14个地市200多个区县的资金拨付，通过本系统对接省内收入户、支出户10余家商业银行，月均流水超200亿元。利用区块链技术实现了“金融科技＋社保服务”的社保基金管理新模式，从业务架构上为社保平台提供以下几点价值：

多方参与、公开透明：以区块链技术为基础，以联盟链的方式串联社保资金收支业务中的人社厅、各级社保局、商业银行、财政厅等机构。将业务流程中的拨付计划、财政审核、银行拨款、收款银行账户、财政专户总分账、报表统计等信息上链，通过区块链实现各机构之间的数据共享，解决传统模式下流程扭转复杂、各机构信息不对称等问题。简化资金统收统支流程，提高办事效率。

不可篡改、信息可溯：基于区块链公开透明、不可篡改、数据可溯等特性，把财政资金申请和拨付过程上链，依据社保基金申请和拨付过程的信息流，打通政府-银行-居民之间的信息壁垒，实现资金流透明支付。

智能合约、智能执行：智能合约整合传统业务，以程序的方式重新定义用户、资金拨付、账户核对等规则，按规则自动生成拨付指令、自动回退发放失败资金，打通政府与银行业务隔阂，减少资金沉淀，提高工作效率，满足多种场景下对安全快捷的要求。

（案例来源：中国工商银行）

【案例十一】 康链养老平台

1.案例背景及解决痛点

我国老年人口逐年上升，2021年5月，国家统计局公布我国60岁及以上人口为26402万人，占总人口的18.90％。随着老年人口增长，个人隐私信息泄露、检测数据错乱、跨区跨机构服务困难、数据脱节等问题成了养老产业的难题。

区块链技术为解决上述问题提供了具体方案。区块链具有的公开透明、不可篡改、匿名等特性，令区块链平台比传统养老平台具更强的安全性与隐私性，可以帮助养老行业进行老人的身份验证及信息管理，同时其去中心化特性能解决当前养老行业跨区跨架构服务困难的问题。可见，区块链＋智能养老势必对养老行业的发展进步具有积极意义。

2.案例内容介绍

康链科技是一家应用区块链于家庭养老的企业，基于养老产业，以可信保障技术站为核心的康链科技开发系统的一些基础服务，可以将智能硬件与区块链应用有机地结合起来。

区块链技术可以帮助在老人诊断时引入时间轴，将其不断更新的医疗数据记录在老人的档案里，并可不断补充老人关于生活、行为、健康和测试的数据，最终使老人的健康数据记录永远是最新的、最全面的，为今后诊断和分析他们的行为需求提供核心材料。图3-11对区块链在康链的应用进行了概括。

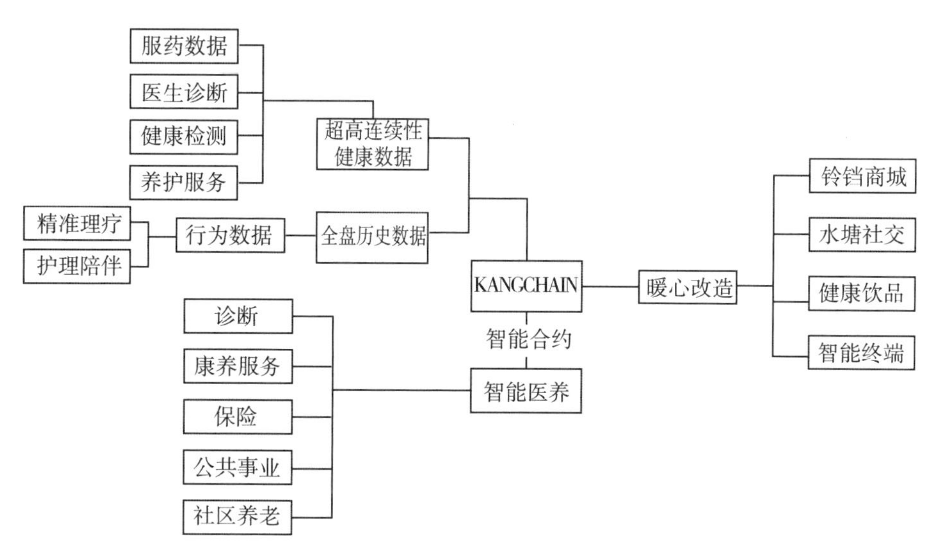

图3-11 基于区块链技术的康链养老平台

同时，康链科技中应用到的区块链特性需要依靠机构的信任与治理机制。具体来说，在养老金融领域，服务专业、定位精准、公信力很强的大型机构比较匮乏，许多都是属于发展的中小型金融机构。这些机构迫切需要在内部建立一种信任机制，同时也需要一种信任机制来保护中小企业，更好地为医疗行业服务。另外，还有工业数据共享和物联网服务，这是一种基于区块链应用研究的智能硬件，是一种基于家庭和个人的健康数据管理产品。通过引进更多智能硬件，为更多的中老年人和整个家庭服务，并在服务中实现更多的价值共享。

3. 案例价值与成效

康链已有 36 项健康数据、27 种智能硬件、110 种疗养设备作为基本保障，这些科技进入健康公社，成为老年人的生活方式，并可以在未来与更多的伙伴合作，通过智能终端为老年人和伴侣提供更多的健康数据等服务，形成一个数据终端，从而为大数据、区块链、健康文件建立闭环服务。除此之外，养老产品的生产也是其核心业务，目前其主打为老年人和保健团体提供健康的康饮产品，据此协同区块链的应用使养老平台有更多的进步和发展空间。

（案例来源：中国工商银行，中国电信研究院，来源于网络）

【案例十二】 时间银行领域

1. 案例背景及解决痛点

时间银行，广义指服务主体涵盖各个年龄段，通过参与志愿活动累计服务时长，当未来需要他人服务时，能够享受相应时数的志愿服务，狭义指低龄老年志愿者为高龄老人提供服务，并对服务时长进行累计，待需要时自己也能够享用同等时长的免费服务。时间银行本质是一种新型的社会互助形式。

我国时间银行历经将近 20 年的发展，已在大部分地区建立了时间银行官方网站、APP、志愿者服务等，但是当前时间银行运营模式仍包含以下劣势：

(1)传统时间银行采用中心化架构，志愿者的时间币价值衡量、交易与兑换依赖中心节点决定，缺乏公信力；同时中心节点遭受攻击会使得整个中心节点瘫痪，安全风险高；最后，时间币的流通过程无法做到公开透明，主观随意性强。

(2)传统时间银行开展主要依托社区进行，由于建立智能化的时间银行平台有一定技术与资金门槛，许多地区还是比较依赖于手工记账方式，工作效率低下，容易造成数据误差与丢失，同时各地区信息更新不及时，跨区域兑换时间币较为困难，这间接导致了时间银行难以大范围普及。

(3)时间银行中心节点保有大量的用户隐私信息，容易遭受攻击而造成隐私泄露，对用户及其家庭造成严重的不良影响。

2. 案例内容介绍及价值与成效

区块链作为一种公开透明的分布式账本，能够确保志愿互助环节信息不被篡改、可溯源，并且平台的时间币流通过程依托于智能合约自动执行，时间币的发行、交易、兑换完全透明，可以增强互助养老服务的公信度，节约时间银行的监管成本。区块链具有隐私性、匿名性，用户保有个人数据的控制权，无需担心数据泄露问题，同时分布式架构能保证系统不会因单一节点遭受攻击而停止运行，可以显著提升了时间银行系统的隐私性与安全性。

由于区块链的上述特点，各地的时间银行纷纷引入区块链技术以弥补传统时间银行的短板，2018年10月，阳光保险推出了时间银行小程序；2019年11月，南京建邺区将区块链引入时间银行中；2020年7月，伴随成都首个链上社区"香城链动"小程序投入使用，成都时间银行也被搬上了区块链：

(1)阳光保险推出以了时间银行小程序为载体的时间银行互助服务，以在旗下的山东德州心湖阳光颐养中心为试点，成了国内首次尝试将区块链＋时间银行互助服务理念践行的范例。小程序的开发设计主要以志愿者为导向，依托微信平台无需下载应用软件，使用便捷且操作步骤简单：志愿者可直接线上注册，进而在"承接服务"栏中自主选择服务项目，其中包括关爱服务、医疗保健、文化娱乐以及定制服务等多样化服务，并对某一项具体服务进行申请，系统匹配成功后会自动生成订单与注明订单号。发布者也可通过该程序中的"发布服务"栏选择服务时间、地点、人数与时间币回报等信息。当志愿者服务完成后，发布者在待支付订单中点击待支付按钮，程序会自动生成支付码。而后，志愿者可直接扫描发布者手机中的二维码即可收取志愿服务应得时间币，并存储于个人账户之中，人们随时可根据个人情况发布需求、承接服务以及查询兑换时间币、跟踪志愿服务信息等。

(2)南京建邺区将区块链技术引入时间银行互助养老服务流程中，并将时间银行内置于支付宝平台中。对于志愿者而言，能够在线选择"时间银行"培训计划以及线上报名，接到任务后能够在支付宝应用中的"建邺时间银行"中进行服务签到，并在执行任务后记录任务编号、服务内容及服务时间。此举不仅提高了整体运行效率，还能够利用该平台进行积分兑换、线上赠予以及转账服务；此外，对于服务对象而言，可独立于"时间银行"管理机构直接在系统中发布需求，其中包括选择服务类型、是否需要团体服务、特殊需求说明、服务时间及服务总时长、服务信息地址等诸多详细内容。

(3)成都市区块链首个区块链技术服务社区智慧治理的新经济产品"链动社区"系统的发布后，链上社区"香城链动"小程序也投入了使用，该产品由新都区桂东社区和四川万物数创科技联合设计。以往桂东社区的时间银行容易发生数据篡改、时间积分发行和流通缺乏透明度等问题，同时，时间积分存储兑换周期长、经手程序多，容易发生错误与遗失。将时间银行上链后，时间积分发放兑换由智能合约把控，更加公开透明，消除了数据纠纷。据万物数创科技相关负责人介绍，下一步"链动社区"将推广到泸州市、德阳市、贵州安顺市等地，以便时间积分可以跨机构、跨区域通兑。

（案例来源：中国工商银行，中国电信研究院，来源于网络）

· 国外典型案例

【案例十三】 俄罗斯国家养老基金(PFR)

1.案例背景及解决痛点

俄罗斯现阶段的中小企业劳动力市场和劳动者权益维护，是受到全社会关注的重要话题。目前，俄罗斯政府正在进行养老金的改革，通过大幅度提高最低退休年龄，对劳动力市场进行深度调整。作为俄罗斯最大的公共社会服务提供商，俄罗斯国家养老基金(PFR)最近加入了加密社区。

2.案例内容介绍

俄罗斯国家养老基金(PFR)计划将在劳动行业和劳动保障等关系领域运用最新的区块链技术(见图3-12)，目标是利用区块链和智能合约的透明性和不可更改性签署劳务协议，打击劳动力市场上一直存在的雇主欺诈、滥用工行为，管理和监控所有签订的劳动合同数据，保障劳动者权益。该基金希望将雇主和雇员之间的劳动协议以智能合约的形式来实施和使用，这些合约将通过电子签名签署，之间的劳动协议以智能合约的形式来实施和使用，市民可以从周围任何提供州和市政服务的地方多功能中心获得电子签名。

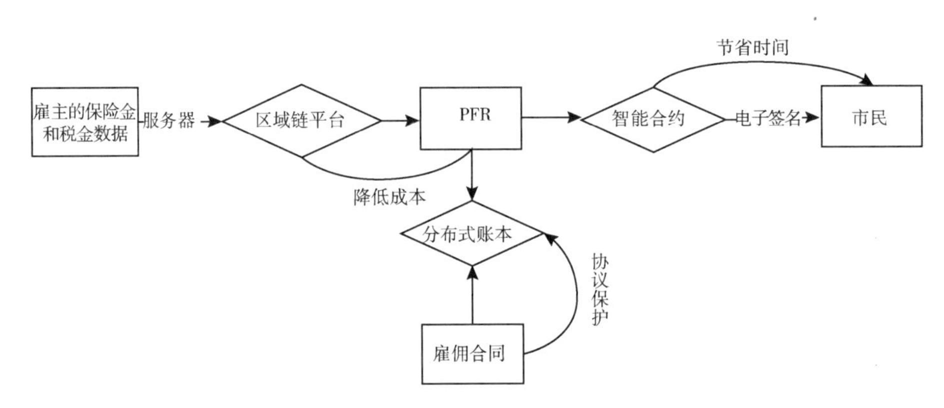

图3-12 基于区块链技术的俄罗斯养老基金应用

随着区块链技术的运用，俄罗斯国家养老基金在其集中服务器上收集和存储所有的雇主保险金和税收数据，并将信息系统集成到一个单一的区块链平台上。区块链技术确保数据的高透明度、高处理速度、数据安全和完整性，且所有的雇佣合同将记录在分布式账簿上，所有这些都可能有助于解决一些紧迫问题。例如，智能合同有助于摆脱日常合同签订的烦琐，分布式技术则可以显著降低目前现有的大型数据库的存储和处理成本。

3. 案例价值与成效

该养老基金在区块链技术的支持下正在发展成为一个信息聚合器和一个自动交互式的数字平台，为更多居民和第三方机构信任提供各式各样的社会服务，而且实现了数字平台服务的透明性和安全性，同时还保护了所有在此平台上签订的劳动协议，避免非法申请、随意修改和攻击系统等不良问题的发生，通过大数据检索防止员工受到一些雇主的欺诈或滥用员工的行为，因而对各方都大有裨益。

（案例来源：中国工商银行，来源于网络）

【案例十四】 HiNounou-Home Wellness Kit（法国）

1. 案例背景及解决痛点

人口老龄化即将成为21世纪最显著的社会变革之一，根据加州大学旧金山分校UCSF的一项研究显示，感到孤独的60岁及以上的参与者面临的死亡风险增加了45%。子女不愿老人在家中感到孤独或是被送去养老院，老人们希望时刻得到子女的关怀，但这对于大部分工作繁忙的子女而言显然是不现实的。

2. 案例内容介绍

HiNounou是一家互联健康和智能数据平台公司，公司宗旨是让全世界的老年人在家中更长寿、更健康、更快乐，并让他们的家人安心。其开发了Home Wellness Kit智能养老系统，主要包括三个设备：用于定期监测生物标识的互联网医疗设备；专为慢性病风险识别而制定的DNA基因组测试；带有HiNounou应用程序的智能手机，该程序旨在帮助老年人定期跟踪自己的健康状况。同时Hinounou在系统中运用了区块链技术，因此健康数据仅存储并共享给老年人和其授权的护理人员。

区块链在系统中解决了健康数据网络中的信任和隐私问题，具体作用如下：

确保老年人有绝对的隐私控制权：HiNounou确保老年人及授权的护理人员能够充分查阅和控制他们自己的健康记录，区块链记录与老年人健康数据相关的每个活动并为其提供时间戳。为了提供存证并促进长期福祉，当老年人使用家庭保健包时，将收集每日代谢生物标志物数据。这些数据将有助于评估日常行为和代谢风险。如果出现慢性疾病风险，经预先批准，相关方将立即被告知他们的情况，让老年人的医疗保健专业人员及早识别和预防风险。

安全的单一医疗保健记录和利益相关者之间增强的互操作性：HiNounou在其区块链数据平台上安全地存储医疗数据，通过加密记录老年人的DNA记录和实时健康状况，消除了欺诈和重复预订的风险。每一笔数据交易都有时间戳，并安全地记录在分布式分类账上。从而创建一个行业范围的、由区块链保护的同步医疗保健数据存储库。HiNounou医疗生态系统的利益攸关方包括医生、医院、实验室、药剂师、健康保险公司和研究科学家。他们可以申请访问老年人的健康记录，以便提供个性化的患者护理。

3.案例价值与成效

HiNouNou将DNA检测、医疗设备监测、7/24远程医疗与保险有机结合，构建了一个专门针对老年人的生态系统，能有效延长老年人寿命，并使老年人在晚年收获快乐与陪伴。同时，区块链技术在不损耗性能的情况下增加了系统的安全性与隐私性，将老人的个人隐私、医疗信息泄露的风险降到了最低。

HiNouNou与中国平安合作，为老年人提供中国首个可负担可获得的保险计划，得益于区块链的实时医疗数据记录，HiNouNou令保险公司能够计算风险，并基于真实的健康记录建立定制的健康保险定价模型；同时采用智能合约打击保险欺诈，确保保险公司间的信息流与支付效率。

（案例来源：中国工商银行，中国电信研究院，来源于网络）

3.5 智慧交通

· 国内典型案例

【案例十五】 中国南方航空集团有限公司的区块链数字资产平台（“南航链”）

1.案例背景及解决痛点

航空旅游产业是一个庞大的产业生态圈，整个产业在全球已有1.26万亿美元的产值，2030年估计将达到2万亿美元，然而国内航司的辅营收入水平较低，在以里程为主体拉动辅营收入的体系中，采用传统的IT技术难以解决合约管理、消费保障、兑换记录等重要信息的可靠性问题，此外航空里程积累的过程存在积累和使用壁垒流通性差、到账时延高，以及里程的安全性、旅客信息的隐私性缺乏有效的保障、对账和清结算效率低等问题。

2.案例内容介绍

中国南方航空集团有限公司（简称南航）运用区块链技术历时两年打造了南航区块链数字资产平台，如图3-13所示。借助区块链的技术特性和自主创新实现了如下功能：

（1）智能合约：实现了高效的合约管理，大大降低对接多个商户时的重复工作；

（2）分布式记账：实现了第三方商户积分实时兑换里程，跨机构可信通讯，合作商之间自动对账自动平账，每笔里程交易实时结算；

(3)数据的多层加密：确保数据隐私得到更好的保护；

(4)跨链通信：跟银联链打通，形成联盟链，为日后业务扩展做好前期准备。

项目方案:管道连通

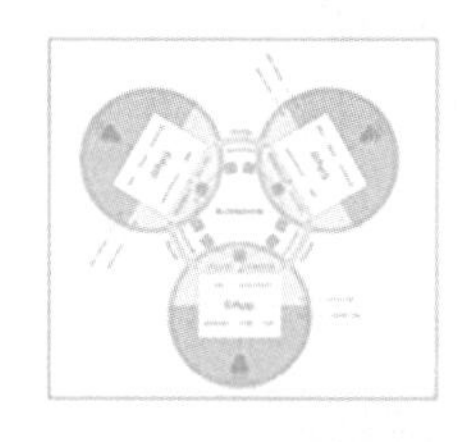

业务模式/功能说明

1.交易数据标准化:不同主体之间的交易存在差异化,同时也存在共性，提取共性数据标准化,以使在业内进行交互和促发动作。
2.支付对接:交易通常以支付完成作为标识，支付机构提供支付功能，以完成交易标记。
3.税控对接:交易经济行为对应税务监控,对接税控机构，以实现交易即开票。

技术特点-DAPP

1. 应用程序完全开源的,自主运行,并且没有实体控制其大部分Token。
2. 航空旅游业相关企业共同存储,同时旅客手机中的应用可作为小型节点执行存储,不管是机构还是旅客都有记账权。

图 3-13　南航区块链数字资产平台

3. 案例价值与成效

以往旅客使用第三方商户购物积分兑换南航里程时，需在第三方商户平台提交申请，由工作人员手动导入南航相关系统，完成里程充值，耗时 2～14 天。为方便旅客快捷地进行积分兑换，南航积极打造区块链平台，并于 2019 年启用积分-里程兑换体系，成为国内首家运用区块链技术打造里程兑换体系的航空公司。当旅客选择将第三方商户积分兑换为里程时，南航集团区块链平台能够实时对接第三方商户平台，同步反馈兑换结果。同时，旅客也可通过南航 APP 即时查询里程到账情况，及时获取南航里程信息。南航在区块链平台上打造里程兑换体系，解决了里程—积分兑换的安全性问题，实现了积分兑换里程的自动化、实时化。据报道，2019 年 5 月周大福作为第三方商户率先接入南航区块链数字资产平台。截至 2019 年 10 月，周大福用户兑换里程出现大幅增长，兑换人次达 2035，同比增长 5.13倍。截至 2019 年 11 月，南航区块链平台已成功落地应用在积分实时兑换里程功能，效果显著。明珠会员里程作为一项重要的数字资产，南航将加大与第三方商户平台的合作，通过区块链技术，实现合作伙伴企业积分与明珠会员里程的互兑互换，助力联结上下游企业、跨界融合行业资源，逐步构建以南航集团为核心的航旅生态体系。

(案例来源：中国民航局第二研究所，来源于网络)

【案例十六】 中国民航科学技术研究院“民航链”

1.案例背景及解决痛点

飞行员技能全生命周期管理体系(Professionalism Lifecycle Management System,PLM)是中国民航提出一种资质管理体系。PLM以习近平总书记关于确保民航安全运行平稳可控的一系列指示批示精神为根本,按照民航局党组“三基”建设要求,紧密围绕以作风建设为核心的“三个敬畏”教育实践活动,立足我国民航的发展阶段和发展实践,深入研究世界训练体系和我国训练体系面临的新情况新问题,揭示新特点新规律,聚焦运输航空飞行员训练管理,构建职业作风、核心胜任力和职业适应性心理三大维度的综合指标体系,统一多数据源输入转化为技能指标的基本方法,逐步完成飞行员岗位胜任力的动态“画像”,实现飞行训练模式由反应式的“大水漫灌”向预测式的“精准滴灌”的转变。PLM建设是中国民航飞行训练领域的一次深刻变革,是全面建成民航强国的重要战略支点,可进一步夯实作风建设常态化、系统化和科学化的基础,充分发挥体制优势整合全行业飞行训练相关资源,提高训练投入与高效提升安全绩效之间的强关联性,输出飞行训练基础理论研究成果和训练解决方案,建立与运行规模相匹配的训练资源可持续供给机制,完善适应高度标准化训练需求的监管模式和组织架构,锻造具有国际竞争力的高素质教员和检查员人才队伍,强化支撑飞行训练体系迭代演进的大数据交互和运用能力,提升制定国际民航飞行训练规则和标准的话语权,发展引领国际民航训练发展的创新能力。中国民航局决定按照ICAO的有关要求和中国民航全面深化运输航空飞行训练改革的战略部署,组织全面实施PLM建设。

2021年4月20日,中国民航科学技术研究院(简称航科院)基于“民航链”的民航飞行员训练系统电子训练记录存证应用正式上线发布,着力解决飞行员技能全生命周期管理体系建设中多源数据信任问题,促进飞行员技能全生命周期数据的有序、可信流动,充分释放数据价值,保障数据权属的一致性和合法的数据权益,创造行业“数据不为我所有,但可为我所用”的新模式。

2.案例内容介绍

“民航链”提供飞行员训练记录数据上链存证、取证和验证基础功能。根据建设规划,近期,“民航链”将致力于促进产业数据的内循环,通过产业链企业加入“民航链”,实现基于规则的数据上链、确权,帮助产业链企业之间打通数据交易所的阻碍,避免传统供应链协同的困难,利用数据促进供应链整合。例如,以航空器的全生命周期数据为依托,优化相关资产的运营、融资、处置等服务需求,降低产业各方的经营成本，最终促进产业的健康发展。中期，“民航链”将与更多的外部产业实现互联，主动实现数据的外循环利用。将“民航链”数据与相关产业数据实现交易所，拓宽数据应用的发展渠道，实现数据的广度开发，与大交通、旅游、金融等产业实现更大范围的协同。远期，“民航链”在总结产业协同成果的基础上，将积极参与全球民航数据治理协同。秉持共商共建共享的全球治理观，构建世界民航发展的命运共同体，积极参与有关国际标准的制定和修订，打造新型国际民航数据合作机制，为全球民航治理贡献“中国智慧”。航科院“民航链”示意图见图3-14。

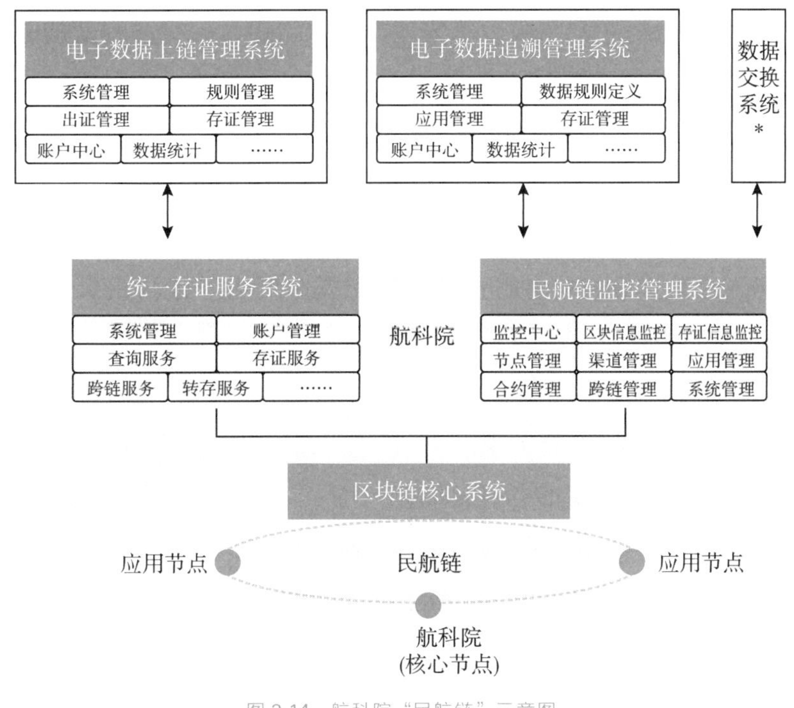

图3-14　航科院“民航链”示意图

3.案例价值与成效

随着中国民航局咨询通告《电子签名、电子记录存档系统和电子手册系统的接受与使用》(AC-121-FS-2017-128)的发布，越来越多的民航企业采用电子签名技术实现确保电子运行记录(如签派放行记录、机务维修记录等)的法律效力，以实现全流程的数字化运行。“民航链”能够帮助航空公司飞行训练电子记录系统满足《航空公司基于计算机的记录系统的申请和批准》(AC-121-FS-2013-47)中数据完整性和安全性相关要求。“民航链”作为我国民航产业数字化协同的创新实践，将致力于提升我国民航产业的数字化发展水平，逐步构建民航产业数据协同生态，实现数据的双循环利用。

(案例来源：中国民航局第二研究所，来源于网络)

【案例十七】 首都机场基于区块链技术实现旅客身份认证系统建设

1.案例背景及解决痛点

传统安检是围绕旅客行李和随身物品开展的。近年来安检理念逐步升级，建立旅客画像和标签体系，将旅客分为低风险、普通风险和高风险等类别，对高风险旅客重点检查。通过旅客风险分级检查，不仅兼顾了安全和服务这两大核心需求，也使资源分配更加合理，在人力和资源有限的情况下提升安检效率。然而创新的安检模式受制于以下制约因素，不能发挥理想的效果。

(1)缺乏旅客信息：客户风险分级需要海量数据作为分析和判断的基础。然而由于各机场系统自行开发、建设，各系统间相互独立、开发标准不统一，流程不规范，导致缺乏信息共享，存在数据孤岛，数据共享需要进行专门的系统改造，成本高，进而导致旅客分级由于信息不完整而产生偏差，制约了旅客分级安检模式的发展。

(2)机场不愿共享旅客信息：近年来，信息安全泄露导致的重大安全事件屡见不鲜。无论国家政策还是行业规范，都把信息安全提到了战略高度。为保障旅客信息安全，机场不愿意共享旅客信息。一旦出现数据安全事件，责任的认定又成为一个难题。目前机场内部数据的所有者、提供者、使用者、受益者等角色相互割裂，高质量的数据所有者对共享的意愿很低。

(3)旅客信息共享成本较高：由于各机场系统自行开发、建设，各系统间相互独立、开发标准不统一，流程不规范，数据共享需要进行专门的系统改造，成本高。

2.案例内容介绍

首都机场集团公司(简称首都机场)旅客数据中心是面向成员机场、专业公司、航空公司、外部合作的大数据中心，与多个内外部应用场景都存在数据交互。由于旅客在多场景多应用中都存在独立的ID，为对旅客进行分级评价，需要对旅客ID进行身份鉴别和认证，实现多场景多系统单一旅客唯一标识。首都机场利用区块链技术对旅客入口进行标记，建立旅客安检区块链系统，确保用户信息安全。旅客安检区块链系统主要为首都机场下属直辖或代管的成员机场进行数据支撑和服务，利用链上数据的不可篡改性，保障共享数据安全，也保证了集团内部数据和规则的一致性，可以提供统一的对外服务，便于行业数据互通共享。首都机场在区块链上加入了旅客在机场产生的全流程数据，未来还计划加入旅客信用积分、机场安检的统计和预警信息，例如安检通道排队长度、预计排队时间、预计安检人流高峰等。通过海量数据分析，首都机场可以提供更加丰富和人性化的服务，缩短旅客候机时间、安检排队时间，打造更加安全、绿色、智慧的机场生态。

3. 案例价值与成效

为保障数据安全，通过传统手段实现旅客数据共享需要购买大量软硬件设备。以旅客身份认证为例，每家机场至少需要投入 200 万元用于设备采购，后续还需要支付设备运行维护等费用。采用区块链技术，平均每家机场投入资金不到传统手段的 5%，而且加密算法在安全性上更有保障。此外，基于区块链的旅客分级安检实施也能促使旅客提升安检意识，重视个人过检所带来的影响，推进旅客自觉遵守安检规定，保持良好诚信，带来更高的社会效益。

（案例来源：中国民航局第二研究所，来源于网络）

· 国外典型案例

【案例十八】 霍尼韦尔公司的飞机零部件在线市场交易平台 GoDirect Trade

1. 案例背景及解决痛点

每年航空维修行业加工 250 亿个零件，同时增加 30 亿个新零件。有 20000 家供应商，每天覆盖 144000 次航班，整个行业市场每年价值约 1000 亿美元。当飞机接近退役期限时，在许多情况下运营商可以回收其高价值的部分，如发动机和起落架，五年间约 60%会易手。然而，直到 2017 年，购买航空零部件还是一个缺乏记录、认证漫长的线下交易过程，只有不到 2.5%的交易是在网上完成的，仅有的飞机零部件交易网站中关于规格、服务历史、定价、可用性的描述粗略，甚至部分是罕见的照片。如果想要关闭交易，需要数周的发送报价和交换文档，制约交易的瓶颈在于信任缺乏，因为航空是一个严格监管的行业，飞机零部件的销售需要从美国 FAA 和其他机构认证，每个零部件必须记录其完整的历史，包括所有权、使用和维修情况等。大多数航空公司都使用数十个维修设施，每个维修站的文书工作都没有集成，航空公司和运营商通常还会面临与零件相关的印刷件丢失的情况，因此，零部件的跟踪数据对于维持零件的价值至关重要。

2. 案例内容介绍

2018 年，美国霍尼韦尔公司建立了一个飞机零部件的在线市场交易平台 GoDirect Trade，首次实现了区块链技术在飞机记录和零件数字化交易方面的应用。GoDirect Trade 平台的交易界面如图 3-15 所示，该平台将飞机记录生成电子记录并完全集成到其数字区块链分类账中来解决传统文件编制流程和存储问题，从而方便客户通过简单的用户界面检索分散的数据，创造出航空业从未有过的速度和效率水平。霍尼韦尔不只存储 PDF 文档或对数字飞机记录的引用，而是“链式”存储实际的表格数据，此数据用于重建飞机记录，包括证明 FAA 已证明的飞机部件可以安全飞行的记录。

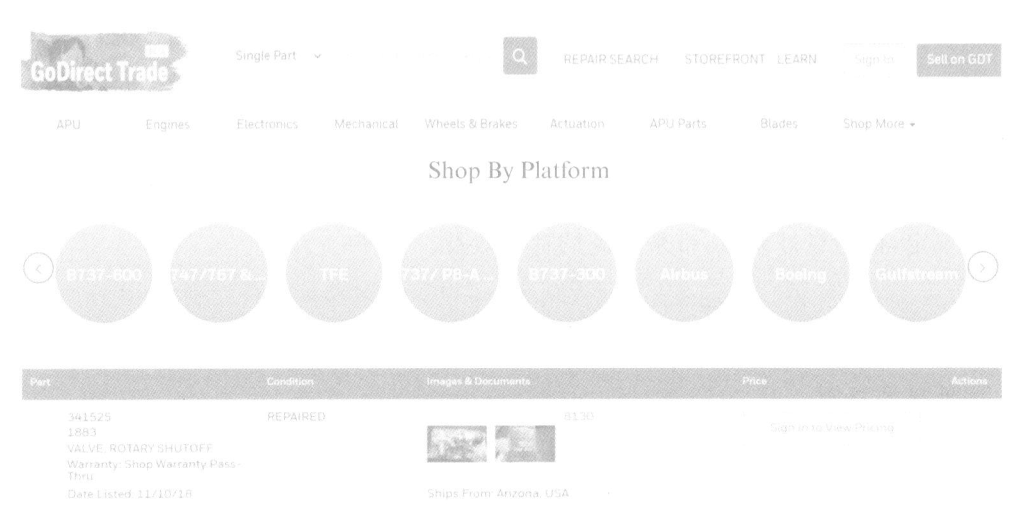

图 3-15 GoDirect Trade 平台的交易界面

GoDirect Trade 的区块链网络包括 5 验证节点，部署在霍尼韦尔的企业云和其他商业云上。GoDirect Trade 在短短八周内上线，但平台给卖家设定了严格的高标准，如每个零部件必须提供图片、价格、尽可能多的历史文件记录信息。作为回报，该平台兑现了诸多关键好处，如卖家可以在几分钟内用灵活的方式在平台上发布一个数字店面，买家平均仅需两个屏幕点击就可以完成付款，这在航空零部件交易史上是个突破性的创新，卖家发布数字店面的内容见图 3-16。买家可以通过平台查看零部件的许多重要数据，如一个零部件的整个生命周期，服役的小时数，所有维修记录发生的每一次时间-地点-维修人员信息，该部件曾服役的所有航空公司。

3. 案例价值与成效

当大多数飞机的寿命结束时，它们被拆除以回收任何好的部件。约 1000 个零部件可以从普通飞机上回收，每个部分必须删除、清洁、标记、重新认证或修复，并附加所有随附的文书工作之后才能上市出售，这个过程漫长且昂贵，可能需要长达 10 周的时间。通常情况下，飞机所有者会在六个月的时间范围内寻求拆除的投资回报率。GoDirect Trade 把飞机退役零部件从回收到出售的时间周期从 10 周缩短到一半。使用 GoDirect Trade 交易，拆卸商可以在拆卸零部件后立即拍摄其照

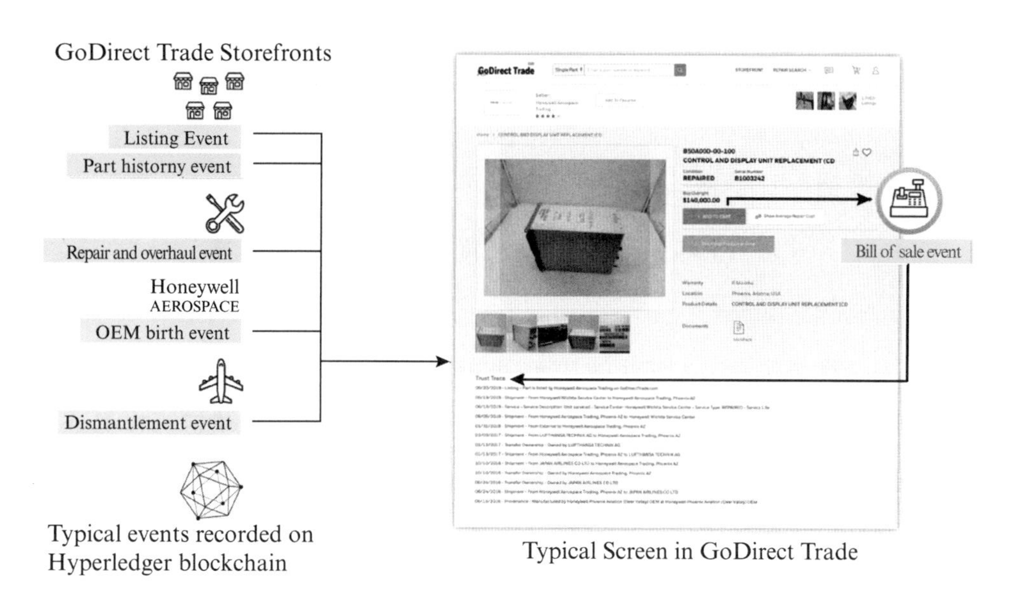

图 3-16 GoDirect Trade 的卖家数字店面发布内容

片，然后平台为该零部件生成一个“已移除”的质量标签，并立即在区块链上记录该零部件。有了这个新流程，任何拆卸的飞机零部件都可以在几分钟内在卖家店面中列出。如果一个零部件不再可用，它的“已淘汰”标签记录就变成了区块链上的永久记录，从而防止它或者一些假冒的零部件未来被使用。

在 GoDirect 交易上线一个月后，市场已经登记了 300 多名买家，并处理了近 25 万美元的在线交易。在 10 周内，销售额飙升至 100 万美元以上。该市场成立近一年，其销售额已突破 400 万美元，并占据了近三分之一的潜在用户群，拥有近 5000 名注册用户。每个月它都会打破新用户和卖家的注册记录，市场上已推出超过 50 家店面，一半的交易是与卖方从未与之做生意的新客户进行的，一些世界上最大的航空公司也是 GoDirect 平台的购物者。截至 2020 年，有 2700 余家公司和 7000 位用户活跃在 GoDirect Trade 上，已有 80 多家用户合计处理了超过 800 万美元的交易。

GoDirect Trade 平台借助加密的数字跟踪技术减少文书工作，并使零部件的证书与来源检索快速而容易。这个在线买卖全新和二手飞机零部件的市场利用区块链技术方便于零件包括图像和质量文件的交易，消除了飞机零部件交易市场中的不确定性和信任问题。

（案例来源：中国民航局第二研究所，来源于网络）

3.6 食品安全

· 国内典型案例

【案例十九】 京东科技“智臻链”防伪溯源平台

1. 案例背景及解决痛点

食品安全溯源体系引入区块链技术，能够让互不相识、没有信任基础的人建立信任，低成本、高效率地解决食品安全领域存在的信任难题。区块链可以保证追溯过程中链上数据的不可篡改，但是区块链很难保证上链之前数据的真实性问题，所以它需要与其他技术相结合以减少人为参与。比如通过物联网设备对气象、土壤、水分等进行自动采集然后自动上链存证。

智臻链防伪追溯平台由京东自主研发，区块链底层 JD Chain 引擎，是针对企业通用业务场景而设计的，高效、灵活、安全的区块链框架和系统。具有京东自主知识产权，能够根据企业需求进行积木化定制，支持更丰富的企业应用场景。JD BaaS 平台提供全面的区块链即服务功能，从企业和开发者角度出发，提供多种部署形式，既能灵活部署，又可安全易用，基于流行的 kubernetes 技术，提供高可靠可扩展的区块链平台，两者的结合可以大大地降低区块链技术的门槛和使用成本。

2. 案例内容介绍

食品从种植养殖开始到最终触达消费者手中，整体经历了种植养殖、检验检测、生产加工、仓储物流、终端零售过程。每个环节都是由不同的企业或者机构进行操作，各企业将对应的数据通过自己的区块链节点进行数据的同步，从而形成完整的全程追溯信息。

(1)种植养殖环节(见图 3-17)。在种植环节，农田中部署物联网设备，包括气象传感器、空气监测设备、土壤检测设备、水肥一体化设备等，田间部署网络摄像头连接将数据通过种植端区块链节点同步至追溯平台；追溯平台根据种植季生成对应地块和作物的种植批次，根据批次创建农事任务，劳作者根据任务通过手持终端设备进行任务的反馈，包括农事操作及投入品的类型等。通过投入品的出入库称重记录计算投入品的投入量，通过智能摄像头＋AI 技术获取病虫害情况，将数据实时同步到追溯平台并写入区块链，从而实现批次关联的农产品所对应的各项数据信息。

在养殖环节，通过智能养殖设备、智能脚环、网络摄像头等捕捉动物进食、进水、成长状态等，在养殖环节通过追溯平台生成养殖批次，并对每一只动物通过耳标、脚环等赋予唯一码，从而跟踪每一只动物的个性化数据。养殖工作者通过手持终端设备进行针对特定的信息绑定对应的追溯码进行信息采集。全部的信息通过养殖端区块链节点同步至追溯平台，形成完整的养殖数据。

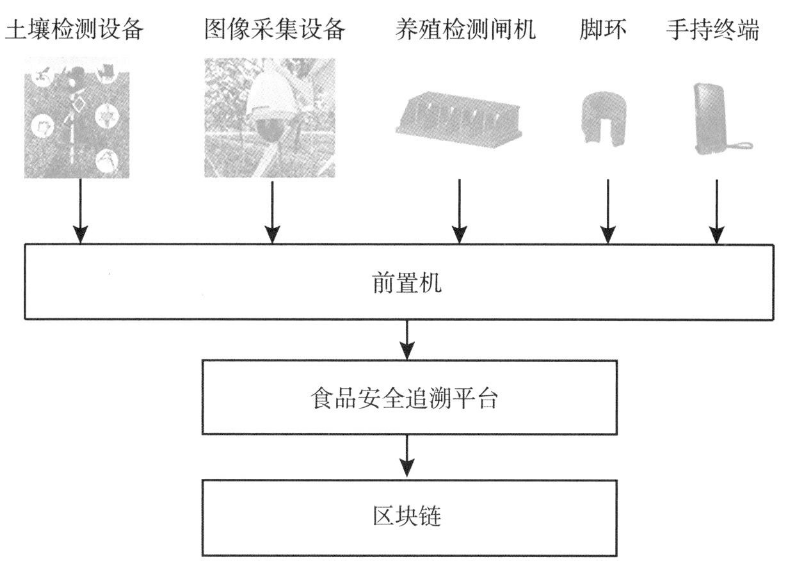

图 3-17　种养殖环节图

(2)检验检测环节。当农产品成熟收割后或者养殖动物出栏后，根据种植养殖的批次进行检验检测，对农药残留、病毒检测等形成检测报告，通过批次信息将报告传递至追溯平台并同步到底层区块链中，检测信息的传递由检测机构提供，直接同步到追溯系统，避免了数据因倒手而导致的人为修改，同时由检测机构进行电子签名，确保信息提供的来源。

(3)生产加工环节。农产品生产加工环节，对每个批次的产品进行分拣包装，形成最小的包装规格。在最小的产品包装上，通过食品安全追溯平台申请全球唯一的追溯码，生成二维码或者 RFID 标签等形式，粘贴或者喷印在商品的外包装上，供最终的消费者进行信息的查验。通过追溯码与种植批次的对应关系将种植端信息和检验检疫信息串联。在生产加工过程，通过追溯码记录生产加工数据，包括生产日期、保质期等信息。同时根据装箱情况生成唯一的对应的箱码、托盘码等。通过生产加工企业向下游企业流动式，记录出厂的时间等关键信息并传递至区块链网络。

(4)仓储物流环节。在商品的流转过程中，通过箱码或者托盘码进行商品的流转记录，仓库工作人员通过扫码或者手持 PDA 设备进行出入库记录，同时可以将仓库对应的实时监控信息上传至区块链视频安全追溯平台，根据商品出入库时间和摆放位置，可以记录到每一件商品在库内的时间及温湿度变化。物流流转过程对每个关键节点进行扫码记录，从而形成了与追溯码相对应的完成的仓储物流信息。这些信息通过数据网关同步的区块链中，确保信息的真实有效。

(5)终端零售环节。商品进入到最终的零售环节，通过线下渠道进行售卖的商品，消费者在购买前通过手机扫描商品外包装的二维码，即可查看商品从种植养殖开始到最终销售的全链条追溯信息(见图3-18)。通过线上渠道购买的商品，在物流出库前进行扫码与商品订单进行绑定，物流出库时可进行商品质量的验证，如是否在保质期内，是否发生仓储过程温度过高等情况，确认无异常情况后将商品发送给消费者。消费者可以通过订单中心或者在收到商品后进行扫码，完成追溯信息的查看。

图3-18　区块链食品安全追溯平台

当有商品存在异常情况流入市场时消费者通过扫码直接查看到问题，并进行投诉反馈，通过区块链食品安全追溯平台记录的各方信息，快速定位到责任方，并可以对整个批次的产品进行数据验证，及时进行召回避免更大的安全事件发生。

3.案例价值与成效

该平台基于区块链和物联网相结合，在食品安全追溯问题上极大拓宽了解决思路，并产生了巨大的影响。

(1)基于区块链技术进行场景打通，实现数据价值最大化。通过软硬件技术相结合，联合生产企业、种植企业在生产车间、田间地头安装摄像头，通过视频直播的方式让消费者直观地看到产品的生产过程。食品通过京东的物流体系仓储和配送，整个物流供应链是京东自主可控的闭环，减少中间环节，提高送达时效性，保证食品运输安全。平台通过一系列场景打通和数据整合，极大增强了消费者的信任，同时为消费者提供了良好的购物体验，将链上数据价值最大转化。

(2)结合物联网技术,避免人为干预,保证数据可信。数据采集层面,充分发挥物联网技术优势,通过传感器与智能设备连接物理世界和信息世界;再结合区块链的去中心化、防篡改特点,对食品供应链上各环节的信息进行采集、传输和处理,将数据以智能合约的方式写入区块链上,数据环环相扣,既保证了信息的准确与透明,一旦发现问题,也可以快速定位风险源头,更好地保障食品安全。

(3)借助平台资源优势,推动行业升级。因为开放透明和机器自治,消费者、生产者和政府监管部门对食品追溯系统中的数据完全信任,因为食品供应链上各参与方利益相关,随着京东头部商家和优质的合作伙伴不断地加入,将在整个食品安全追溯领域起到积极的示范和推动作用,参与普及率将越来越高,整个社会的系统应用水平大幅提高。

(案例来源:京东)

· 国外典型案例

【案例二十】 沃尔玛"区块链+猪肉供应链"管理项目

1.案例背景及解决痛点

食品安全问题归根结底主要是由于食品安全相关信息不完全、不公开、不透明引起的,即生产者、消费者和政府监管者相互之间都存在着严重的信息不对称。主要原因有三个:

(1)生产者数量大,生产规模小,地域分散,对食品安全监管造成了极大的困难。

(2)从养殖到加工,从流通到销售再到消费,环节多,供应链长。食品原料来自不同的地区,这给企业、供应链和政府监管者在食品安全管理方面带来了挑战。

(3)社会缺乏诚信,食品安全信息匮乏。社会信用体系未建立,导致食品假冒伪劣和滥用违禁物质等欺诈违法行为泛滥;同时,也导致食品安全谣言的盛行与传播。

沃尔玛作为食品安全的重要责任主体,承担着非同寻常的食品安全责任和义务。尽管沃尔玛对于食品安全的监管一向非常严格,可是在蔬菜、肉食品等安全问题上,一直苦于没有相关的技术手段,也处于应对乏力、甚至无计可施的窘境。如果有更好的可追溯手段在第一时间找出问题食品的来源,并能确定为特定农场或养殖场,这样只需要丢弃较少数量有问题的食品,这就既能避免更大的损失,也有助于消除社会的恐慌,而且还能使很多无辜的制造商和产业链的关联方免受伤害。

2.案例内容介绍

沃尔玛与IBM联合共同开发了Food Trust解决方案,主要目的是通过区块链让食品供应链过程实现数字化，以有效解决供应链管理的数据割裂难题。沃尔玛在食品安全协作中心成立后同时开展了两项试点项目，一项是用来跟踪从南美洲到美国的杧果，另一项用以跟踪中国的猪肉供应链，以测试供应链中的食品可追溯性和透明度。通过数字化的平台将零售商、消费者、物流服务商、平台服务方、供应商、其他相关方以及监管部门连接起来，让所有食品供应链参与方均能共享交易记录，并且数据动态生成、不可篡改，确保参与各方能构建数字化的供应链管理体系。其中关于猪肉项目具体应用如下：

第一，生猪加工厂家将加工好的猪肉产品贴上专用标签。与此同时，工作人员创建新的二维码并通过这个二维码将所有必要的产品细节数据上传到区块链中，确保任一位授权用户都可以获得入链信息，以查验运营过程中任何一个节点的操作细节。第二，供应商发货点负责向沃尔玛配送中心发货的员工创建运输记录，输入运输车辆车牌号，对将被装车的托盘进行扫描，而后系统会显示出这批猪肉即将发往的配送中心和对应的采购订单，然后上传这些单据的图片到区块链上，新创建一个不可篡改的数据文件，供各个授权用户同时登录读取。第三，任何一位经授权的食品安全管理人员都可以读取存储在区块链中的单据。因为单据不可篡改，并具有开放性，将会大大缩短单据查找的时间，而且可有效防范未经授权篡改信息等诚信问题。第四，如果发现了错误，食品安全管理人员通过区块链记录的数据进行追根溯源，能对每件猪肉商品的上架时间实行更好的管理和追溯，并及时处理。

3.案例价值与成效

基于区块链技术的全面改造，沃尔玛在猪肉供应链上形成了如下优势：

(1)实现全流程的数字化管理。基于区块链的应用将猪肉的养殖场来源细节、批号、工厂和加工数据、到期日、存储温度以及运输细节等各种产品信息，以及每一个流程产生的数据都记载在安全的区块链数据库上，实现全流程的数字化管理，以全面提升猪肉供应链管理的效率和水平。所记录的数据具体包括养殖场基本数据、生产批号、工厂和处理数据、到期日期、储存温度以及运输配送细节等。

(2)为各参与方创造了不同的利益。区块链应用于猪肉食品的供应链管理，养殖户能掌握出栏生猪的流向，更好地规划种猪养殖的品种；屠宰企业能获得猪肉产品的相关数据，判断其保质期是否能够完成销售和消费，了解加工产品的实际流向；零售商能更有效地把控猪肉从猪圈到零售店的全部流程；消费者能获得更新鲜、质量更可靠、食用更安全的猪肉产品。

(3)该解决方案将追踪食品来源的时间从原来的7天减少到2.2秒,效率得到了根本性的提升,猪肉养殖、加工、运输和销售全过程的数字化大大增强了食品供应链的透明度和消费者的信任度。

(案例来源:京东,来源于网络)

3.7 公益慈善

· 国内典型案例

【案例二十一】 中国工商银行金融慈善链

1. 案例背景及解决痛点

2020年,在新型冠状病毒疫情席卷全球的背景下,各地对慈善捐赠公开透明性的呼吁愈发明显。目前,我国慈善公益社会组织突破80万个,各机构在公信力上仍面临一定考验,存在款项流程冗长,效率低等问题。传统私有账本的架构成了慈善透明公开化道路的技术障碍。同时,金融行业随着时代发展演变,逐渐呈现出生活化、场景化的趋势,运用区块链技术探索金融与产业的深度融合,对于提升金融行业的核心竞争力具有重要作用。

为抗击疫情,积极适应新时代金融科技发展形势,中国工商银行率先创建金融慈善链,探索慈善行业的区块链解决方案,按照“深化改革、融合实体、服务民生”的指导思想,在慈善、公益、扶贫等民生领域成功构建了立足于金融行业的区块链服务体系,以实际行动践行习近平总书记“加快推动区块链技术和产业创新发展”的指导思想。

2. 案例内容介绍

中国工商银行以区块链金融科技赋能慈善行业为目标,为慈善机构客户提供项目管理、线上捐款、支付见证、捐款溯源、银企对账等多元化的金融服务。借助区块链提升机构客户平台公信力,并快速建立私有化平台,构建立足于金融行业的慈善、公益领域解决方案。金融慈善链的业务流程是由慈善机构写入捐赠规则,负责核准和管控;银行链上颁发款项收支去向认证;捐款客户可通过慈善溯源功能,查询款项去向;民政局等监管部门通过记账节点获取交易信息,实现事中监管。具体业务流程示意图见图3-19。

方案从执行智能化、接入多样化、生态社区化、授权最小化四方面构建区块链慈善金融生态,提供集金融服务、慈善透明、公益溯源于一体的区块链服务。

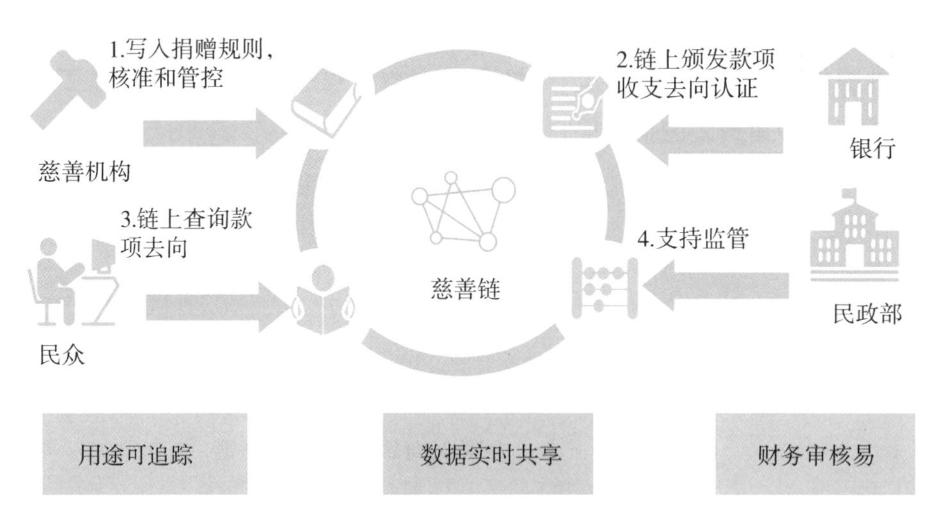

图 3-19　金融慈善链业务流程示意图

（1）执行智能化。传统慈善项目中，由于流程冗长，涉及参与方多，数据流转往往需要各级信息逐层搜集及上报，再加上困难群众与资金发放信息之间没有打通，容易存在资金挪用，款项延迟，漏领冒领等问题。在金融慈善链中，合约的智能化可以最大化摆脱人工干预，高效执行慈善项目，优化公益流程。捐款受益人或扶贫资金流转被提前约定条款，并固化在智能合约中，各参与方根据自身参与情况写入信息，从而触发事务往前推进，实现执行智能化。

（2）接入多样化。金融慈善链在保障交易智能化的基础上，为机构接入提供弹性扩展及灵活接入方案。慈善公益的行业图谱由上至下可分为行业监管机构、慈善公益组织、技术平台方及其余参与者。从业务的角度来看，每一层的机构有着不同的接入及监管需求，从技术的角度来看，各机构往往有既定的 IT 系统及技术服务提供商。为方便不同主体加入，金融慈善链提供多层次、可选择的接入方式。一是多模式加入，参与方可选择独立节点、SDK 或服务接入访问，满足不同机构的业务及运营需求；二是多部署支持，机构可根据开发运营成本及自身便利性考虑选择私有云部署、第三方公有云部署或者工行金融云托管；三是多形态互连，随着区块链技术应用的发展出现了众多的区块链产品和网络，区块链碎片化现象逐渐突出，从法人主体、垂直行业到业务领域均进行了不同的区块链探索。为实现不同网络的互联互通、价值传递、业务整合，金融慈善链支持不同底层产品中的跨链互联。同时，接入多样化对智慧化运维提出新的要求，工行通过 BaaS 平台构建集一键化部署，多产品支持，云外节点管理、跨链治理等功能于一体的运维平台，有效提升运营人员效率，降低接入门槛。

（3）生态社区化。金融慈善链的建设并不局限于服务某一分行，某一慈善机构，而是站在行业的角度，为慈善公益提供全局的方案。为加快规模化应用，金融慈善链通过方案产品化和需求高度提炼，为捐赠者、慈善机构、监管机构、金融机构提供配置化、模板化的接入服务。其中开放生态和生态社区化是应用孵化的加速器。开放生态是指工银玺链 Baas 平台的应用市场，通过把服务划分为解决方案、产品和合约，大到领域级解决方案，小到智能合约，均支持共建共享，为研发人员和使用者提供“开箱即用”的体验，促进产业生态的建立；生态社区化则是通过在社区联动，开发者可获得知识库、线上咨询、经验分享等服务，提供知识互动、思维碰撞的开发者社区氛围。目前，在金融慈善链中，已形成四套合约模板，两套零开发接入的产品，各参与方可通过配置快速发布私有化的独立平台，也可通过智能合约模板接入。开放生态和生态社区化是以客户为中心的共建服务方式，有效加快推进与行业融合，拓展区块链服务边界。

(4)授权最小化。生态圈中当参与方的数量增多，往往需要考虑访问权限的问题，金融慈善链也不例外。在隐私保护中，机制是一把双刃剑；过严则生态圈失去活力，过松则容易引发隐私危机。经过场景调研，金融慈善链引入通道证书，根据不同机构与业务规则进行自定义配置，灵活适应业务变化，实现对不同机构的数据隔离，能定向授权和定向披露，达到授权最小化的用户体验。

3.案例价值与成效

区块链与慈善结合，为分行慈善机构客户带来公益与商业的平衡。首先，区块链实现了筹款项目中相关的捐赠、拨付、审批信息分布式存储、难以篡改，有效为每一笔善举护航，为每一次拨付见证。其次，信息可追溯。将捐赠人和受捐项目直接关联，每笔款项流通数据都被储存并固化，从单一监管模式变成共同监管模式，保证公益项目的公开性和透明性。最后，区块链智能合约的使用，最大化降低人为干预，优化项目流程。

在区块链技术变革的创新驱动和疫情背景的外在需求作用下，中国工商银行以价值创造为核心，通过“产品＋服务”的模式，持续推动慈善公益行业的透明化、合规化。目前已在总行融 e 购、广东、广西等地先后应用，为全国超 200 家慈善机构提供溯源上链服务。公益捐赠超 200 万笔交易，上链扶贫订单近 90 万笔，慈善扶贫涉及资金总额超 1.6 亿元，取得良好的示范作用。在慈善、公益、扶贫等民生领域成功构建了立足于金融行业的区块链服务体系，在习近平总书记指示的技术创新和金融改革的道路上，一步一脚印地走出国有大行的责任担当。

（案例来源：中国工商银行）

【案例二十二】 善踪-慈善捐赠溯源平台

1.案例背景及解决痛点

目前，社会慈善行业暴露出部分慈善机构信息不透明、慈善筹措速度慢、慈善行为落实慢等的问题，导致部分有需要的人得不到及时的救助，社会群众对部分慈善机构失去信任，这为慈善行业的监管提出了更高的要求。基于上述背景，善踪-慈善捐赠溯源平台针对解决以下几大痛点：

(1)物资捐赠前，供需双方信息不对等、受赠方信息无法有效查验、缺乏有效的核实机制以及捐款物资采购难。大量捐赠的物资抵达救助地点，但缺少人工的搬运，运转不出去；没有对接上志愿者的话，其中的运输费用和人工成本无人支付，且目前部分社交平台上出现很多由医务人员发出，但未经官方核实的物资需求信息，这一部分信息无法核验；社会爱心人士集中捐款之后，由于医疗物资受政府的管控，采购困难且周期长。

(2)物资捐赠过程中，首先，民众对医疗物资标准了解不准确、有效物资紧缺：一方面需要的东西进不来，另一方面医护人员不需要的东西堆积如山。其次，物流难，道路不畅：如个人捐赠，救助地点对接人难找，缺乏统一入口；国外的医疗物资难以搬运回国，留学生在国外筹集的物资由于托运有限，导致滞留在国外的机场，不断联系志愿者携带回国；国际快递会被不知名的政府征收。再次，资源配置不平衡：物资无法流通到社区医院和乡镇医院，导致下级医疗机构物资严重短缺。物资捐赠中途变更对象：某些定向捐赠者口头协议好了之后，又改变受捐赠对象。最后，官方捐赠流程漫长：大部分需求提至官方，官方申请流程长，需要群众捐赠，但群众捐赠的物品会不符合标准，医院无法使用。

(3)物资捐赠后，信息公开不够透明、及时，人员短缺，无精力对接物资，医疗物资遭哄抢等问题。

2.案例内容介绍

善踪-慈善捐赠溯源平台由杭州趣链科技有限公司开发和技术支持、中国雄安集团数字城市公司负责业务运营。平台利用联盟区块链网络，在本次抗击疫情过程中，为各社会机构提供透明公开的捐赠信息溯源服务，提高捐赠信息的透明度与公信力，针对慈善捐赠以及本次抗击疫情中“需求难发声、捐赠难到位、群众难相信”的三大难题，提供全链路可信高效的解决方案，使需求方有其方便快捷的需求发布平台，捐赠方得以顺利完成物资捐赠，并为社会各界提供全流程公开可查、可追溯、可反馈的监管途径。

目前平台功能主要分为三块：捐赠行为公示、需求公示、大众监督。捐赠行为由捐赠方提供捐赠证明信息与物流信息，通过第三方物流查验技术核实物流的真实性；需求公示由前线缺少物资的医院机构的需求方联系平台提供物资需求，经核实后发布在平台内。另外，发布在平台上的信息均会在趣链区块链平台上链存证，为大众提供公开透明、不可篡改的可信监督的途径。

另外，本平台将会致力于打通慈善捐赠的全流程，包括“寻求捐赠—捐赠对接—发出捐赠—物流跟踪—捐赠确认”的全部环节，优化各环节中的信息流通与实际运转的行为事件，以降低完成捐赠的难度与提升捐赠的效率。

3. 案例价值与成效

目前，善踪-慈善捐赠溯源平台已存证溯源 533 笔爱心捐赠，追溯的捐赠金额破亿元，以及帮助前线 200 余笔物资需求成功发声。未来可达到以下效果：

(1)通过区块链存证溯源的技术作用，让越来越多的公益组织、爱心企业将善举公开记录到区块链上，自觉接受社会大众的监督，引导慈善公益行业更加高效、透明，促进社会公益走向公开透明、大众可信的阶段。

(2)通过国产自主可控的高性能区块链平台整合慈善捐赠上下游行业的力量，包括需求发声、物流运输等，推动解决捐赠流程中需求方、捐赠方的难点，使捐赠能够更快更好地落实到需要的人手中。

（案例来源：杭州趣链科技有限公司）

· 国外典型案例

【案例二十三】 基于区块链的人道主义援助基金管理和分发平台 Disberse

1. 案例背景及解决痛点

在国际援助中，目前的银行体系存在过高的费用和过长的交易流程，使得提供援助的组织和需要帮助的个人成本高昂。这些问题在经济基础设施严重缺乏的国家，常常因波动性汇率而变得复杂，通常发生在人道主义危机造成的地区。

为了化解这一难题，由 42 个知名慈善机构组成的英国 Start Network 与创业公司 Disberse 建立了合作关系，使用区块链追踪资金的流向，以透明迅速的方式减少资金损失并降低资金滥用的风险，使慈善资金能够最大限度地发挥作用。Disberse 项目目标是加快援助分配的速度，以及从提供方到接受者的无差异交易追踪。最终，区块链将作为监测系统来确保有需要的人能获得相关资金，并减轻汇率带来的损失。

2. 案例内容介绍

Disberse平台使用区块链技术来确保减少因银行手续费、低汇率和货币价格波动而造成的资金损失，一家名为“Positive Women”的英国慈善机构完成了该项目的试点，Positive Women机构通过当地团体从英国向斯威士兰的四所学校进行援助，通过使用Disberse平台来减少转账费用、提升转账速度，以资助其在斯威士兰的教育项目。

3. 案例价值与成效

区块链在可信的账本上自动记录交易，捐款人可以轻松追踪资金流向，降低资金被挪用滥用的风险。据Start Network董事Sean Lowrie表示，此次与Disberse合作利用区块链技术，将带来人道主义系统中资金流动方式的变革，它可以催化新的工作方式，是透明的、迅速的，对纳税人和遭遇危机的人是负责的。Positive Women最终通过区块链技术节省了2.5%的费用，这笔节省下来的费用可支付3名学生一年的教育经费。下一步，Start Network还将使用该平台为现有项目处理一系列小额支出。

（案例来源：中国工商银行，来源于网络）

3.8 乡村振兴

• 国内典型案例

【案例二十四】 顶梁柱健康扶贫公益保险项目

1. 案例背景及解决痛点

中国扶贫基金会、互联网公益平台及保险公司联合发起的“顶梁柱”项目是针对全国建档立卡贫困户主要家庭劳动力开展的公益保险项目。该项目以互联网+精准扶贫的新模式为农村家庭中的“顶梁柱”提供保障，解决因病致贫、返贫难题。项目为国家级贫困县18～60岁的建档立卡户免费投保，有效降低了贫困人口住院负担，成了健康扶贫工程的有益补充，为社会力量参与健康扶贫探索一条新路子。项目通过互联网和公募基金会，广泛动员企业、政府部门、社会组织等社会力量参与，开创“全民参与、全程透明”，互联网+精准扶贫的新模式。

该项目的难点在于如何准确识别帮扶对象及如何监管帮扶资金。传统模式下，基金会、保险公司等机构需要投入大量的人力物力通过尽职调查来获取投保人、受益人及其家庭信息以及资金流转全过程的监控，这让金融机构在扶贫路上举步维艰。针对此场景，项目创新性地引入区块链技术，利用去中心化、共识公开、智能合约、不可篡改及可追溯性等优势，对建档立卡户、保险项目、理赔政策、理赔资金等信息建立共识体系，对理赔信息进行共享，对扶贫资金使用进行全程追溯。

2. 案例内容介绍

"顶梁柱"项目由互联网公益平台及分散的第三方客户捐款至中国扶贫基金会、中国妇女发展基金会账户，项目捐赠数据及投保数据全部上链；保险公司上链获取投保数据并生成保单；符合条件的被保险人可在移动客户端提交理赔申请资料，基于已上链的理赔数据，保险公司完成赔付，并将案件赔付数据再次上链；被保险人可在移动客户端实时查询理赔结果。

该项目利用区块链技术，打造了一本"公共账簿"，包括捐款人、公益机构、保险公司、受保人在内的所有项目参与方，共同记账和监督，任何一方均无法篡改账目。捐赠款项、覆盖县域和人数、理赔情况等信息，均可得到及时公布，做到透明公开可追溯。同时，每个受益人都能在项目平台上查询自己的保单信息，通过手机快捷理赔；每个捐赠人也都能看到项目帮助到的具体人群，理赔的资金数额。"顶梁柱"项目还充分发挥互联网优势，为扶贫工作"减负"，通过移动端应用软件，输入受保人信息就可以看到整个村(县)的投保情况，并在线完成保单查询、发起理赔申请。通过一名村干部和一部手机，就可以掌握整个村子的贫困户扶贫效果，提高金融扶贫工作的效能。利用区块链技术建立起的信任机制，广泛动员社会力量加入扶贫行动中，成为政府扶贫工作的有效补充。

"顶梁柱"项目结合区块链、大数据、图像识别等技术，对投保、出险报案、报销凭证索取、理赔核算、赔款支付等流程节点实现线上化。区块链技术具备数据高度透明、系统开放、信息不可篡改、去中心化等特点，实现承保数据实时对接，理赔流程线上化操作，承保理赔数据实时公开展示，理赔资金流向高度透明可追溯，赔款款项不可篡改，解决了以往扶贫工作中时效慢、不透明、核查难等三大难题。

3. 案例价值与成效

"顶梁柱健康扶贫公益保险项目"得到了社会各界的广泛关注与支持。自2017年7月启动至2020年10月底，项目累计募集32138.55万元爱心资金。已投入30699.29万元，为全国12省80县(区)，共计为建档立卡贫困户1012.93万人次提供健康保障，累计赔付134616人次，累计理赔金额21474.80万元，善款的90%全部用于贫困群众的理赔和救助。项目通过区块链技术实现了以下四方面的创新和突破。

一是信息公开透明。社会捐赠资金数额，受益方，获赔时间，获赔金额等信息都在平台上实时展示，公众可随时查询理赔人数和扶贫资金变化，解决了以往公益扶贫项目信息公开不透明以及时效性差的问题。

二是理赔简单高效。理赔各流程节点均实现线上化操作，贫困户可直接线上报案并提交理赔申请，审核结果线上实时反馈，解决了以往扶贫保险理赔手续繁琐的问题，同时在理赔核算上还采用了图像识别技术实现系统的自动核算，解决了大量案件带来的人工操作压力。

三是数据安全可靠。项目所有承保、理赔数据均实时上传公链，运用区块链分布式数据存储特点，实现了保险公司与基金会、公益平台多方共同维护数据，没有任何一方或一个环节能篡改或伪造扶贫数据，确保数据安全、可靠，让公益扶贫更具公信力。

四是资金流向可追溯。所有资金来源及去向均在公众平台展示，让公众参与从捐赠到理赔的全流程，解决了过去公益扶贫资金不公开的难题。

（案例来源：中国建设银行，来源于网络）

【案例二十五】 工商银行脱贫攻坚投资基金管理平台

1. 案例背景及解决痛点

消除贫困、改善民生是“十三五”期间的首要任务和核心工程，全社会投入了巨大的资源开展扶贫工作，而由于传统的扶贫资金管理模式是单中心、集中的层层管理模式，管理效率低下、使用不透明、投放不准确等问题愈发明显，已经成为影响脱贫攻坚工作能否顺利完成的重要因素。具体来说，传统的扶贫资金管理模式存在以下一些业务痛点：

资金规模大，管理效率低。以贵州省为例，目前的脱贫攻坚基金超过 3000 亿元，超过 300 家机构运作扶贫相关工作，服务对象包括 400 多万贫困人口以及众多工程承建单位，服务范围覆盖全省全部贫困山区，如此巨大的体量和信息，给管理工作造成了非常大的难度，例如各级政府对资金的拨付、到账时间以及使用效果等并不能及时把握；各级政府为保留一定的资金拨付主动权，往往造成上级单位大量资金沉淀而下级单位无钱可用，扶贫项目资金投资滞后；贫困地区地域广泛等特点也都造成了各级机构进行扶贫的管理费用成本居高不下，这些因素都影响了扶贫工作的效果和效率。

透明度不高，社会关注大。扶贫工作涉及的资金大，惠及群众主要遍布边远山区，社会关注度高，然而，扶贫开发的流程较长，涉及的机构众多，扶贫对象所处的地域交通和信息都不便利，容易导致过程中的信息较难完整披露，在受惠人群分布、资金到账时间、资金使用范围等内容上容易造成社会公众的不信任，而且个别地区也存在对扶贫基金的挤占挪用的现象，这都对扶贫工作的社会效应，提升群众知情权和幸福感等造成不利影响。

粗放式投放，整体效果不佳。传统的扶贫工作大多采取各级机构先逐层拨付再确定项目的推动方式，具有自上而下的特点，这种模式下，资金往往较难准确或及时地到达最需要的群众手上，资金的使用也存在过多或过少的问题，而且，实施的扶贫项目有时候并不适合当地的实际情况，极端情况下还可能对贫困地区造成负担，这些都不符合“精准扶贫”的理念，从客观上也造成了扶贫整体效果不佳。

2.案例内容介绍

中国工商银行与贵州省政府联合共建基于区块链技术的脱贫攻坚基金区块链管理平台，将区块链技术服务于精准扶贫。脱贫攻坚基金区块链管理平台包含扶贫资金行政审批链与工行金融服务链两部分，其中扶贫资金行政审批链提供扶贫项目申请、审批、扶贫用款申请和审批等扶贫基金管理审批功能，工行金融服务链提供扶贫基金线上申请、实时查询、在线审批、自动划拨及投后管理等专业金融服务。脱贫攻坚基金区块链管理平台通过双方在行政审批链与金融服务链互设节点达到链链融合、信息共享的目标，实现扶贫资金的“精准管理”和“透明使用”。

(1)项目管理流程(见图3-20)。脱贫攻坚基金区块链管理平台以“项目”为维度对扶贫资金进行管理。项目由乡镇经办人员提交，经过多层政府机构审批(可自定义)通过后，成功立项，状态为实施中。项目申报机构对应人员可以为项目申报

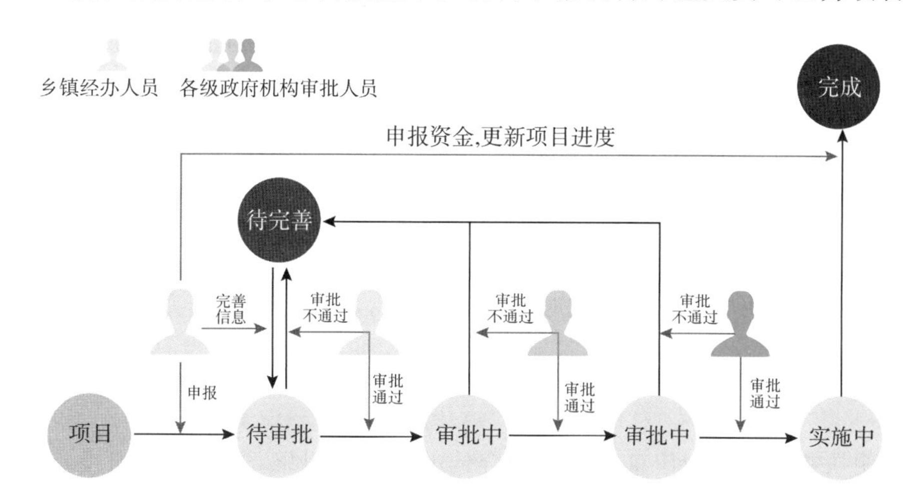

图3-20 项目状态流转示意图

扶贫资金,更新项目进度,直至项目完成。

(2)资金拨付流程(见图 3-21)。当扶贫项目通过审批,状态为“实施中”时,项目申报机构对应人员可以为项目事项申请资金。一个项目可以申请多笔资金,总额不超过项目申报时的总额度。每笔资金申请中需直接填写资金用途与收款单位的账号信息。资金申请经过多层政府机构审批通过后,状态更新为“待拨付”。此时,基金公司可向银行发起资金划拨申请,向收款单位拨付资金。银行收到资金拨付申请后根据扶贫资金管理流程进行多层银行机构(可自定义)审批,审批通过后资金拨付到位。

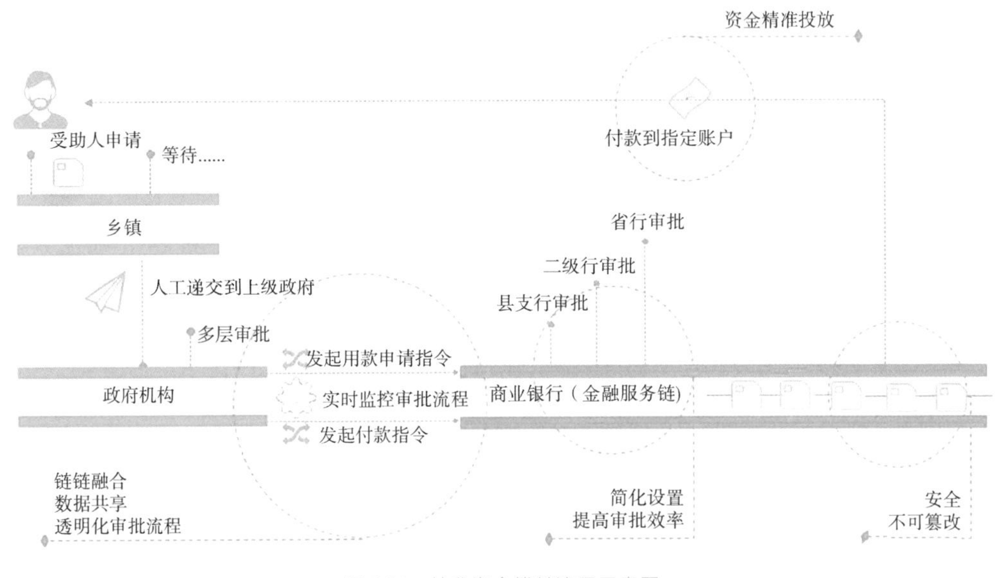

图 3-21 扶贫资金拨付流程示意图

3.案例价值与成效

该案例将传统扶贫资金从以前的先拨付再寻找扶贫项目的自上而下的“推动”方式,变革为先明确款项用途和用户,再提交各级政府审批,最后拨付资金的自下而上的“拉动”方式,实现了扶贫资金准确定位、按需拨付、精准到户。

提升扶贫资金管理效能平台为扶贫工作提供了全面的数字化管理工具,各级政府可以通过平台实现电子化申请和审批操作,联动银行系统实现自动拨付资金,提高扶贫资金使用效率。上级政府可以通过平台实时了解扶贫项目整体进展及资金使用情况,也可以通过平台对每一笔扶贫资金进行跟踪管理,提高扶贫资金的管理效率。

透明扶贫资金使用信息基于智能合约的工作流引擎,通过灵活配置资金审批流程,实现用款申请和审批拨付通过智能合约执行,每一笔扶贫资金的审批流程都在区块链内，确保了每一步操作都有迹可循、不可篡改。扶贫资金由纵向的、中心化、单中心的、集中的层层管理变成去中心化管理，充分发挥智能合约多方共识、公开透明、可追溯的特点，确保资金合规使用。各级政府部门、监管部门、银行及社会公众能主动参与到扶贫资金的监管之中，让扶贫资金使用真正做到了透明、公开。

提供完整可信的审计数据链平台实现了每一笔资金的申请、审批信息和划拨信息核对钩稽，保证了扶贫资金的专款专用，避免扶贫基金被挤占挪用。

平台自上线以来，充分发挥区块链技术"多方共识""信息共享""交易溯源"的特性，实现扶贫项目和用款审批的透明运作。将扶贫资金拨付信息与项目、用款审批信息进行钩稽，实现扶贫资金封闭管理，杜绝挤占挪用等。截至目前，项目已累计拨付笔数约5700笔，涉及金额近百亿元。

（案例来源：中国工商银行）

【案例二十六】 中南建设携手北大荒：推出全球首个"区块链大农场"

1. 案例背景及解决痛点

农业产业化过程中，生产地和消费地距离拉远，消费者对生产者使用的农药、化肥以及运输、加工过程中使用的添加剂等信息根本无从了解，消费者对生产的信任度降低。基于区块链技术的农产品追溯系统，所有的数据一旦记录到区块链账本上将不能被改动，依靠不对称加密和数学算法的先进科技从根本上消除了人为因素，使得信息更加透明。

2. 案例内容介绍

江苏中南建设集团股份有限公司联合黑龙江北大荒农业股份有限公司合资成立了"善粮味道"平台，双方基于全球领先的农业物联网、农业大数据及区块链技术，依托北大荒大规模集约化土地资源及高度的组织化管理模式，创新性地提出"平台＋基地＋农户"的标准化管理模式，推出了全球首个"区块链大农场"。

从土地承包开始，农场会进行区块链化的认证，覆盖从播种到加工的全部核心流程并与线下各个核心环节紧密结合。通过互联网及互联网身份标识技术，将生产商生产出来的每件产品信息全部记录到区块链中，形成每一件商品的真实生命轨迹。

3. 案例价值与成效

全球首个"区块链大农场"的出现，是淘汰问题粮，为消费者提供更多的含有时间戳、地理戳、品质戳的放心粮的有效途径。

（案例来源：中国建设银行，来源于网络）

· 国外典型案例

【案例二十七】 沃尔玛全球供应链

1. 案例背景及解决痛点

农产品从生产到销售,从原材料到成品到最后抵达客户手里整个过程中涉及的所有环节,都属于供应链的范畴。目前,供应链可能涉及几百个加工环节,几十个不同的地点,数目如此庞大,给供应链的追踪管理带来了很大的困难。

2. 案例内容介绍

沃尔玛与IBM以及清华大学展开合作,在中国政府的协助下启动了两个独立推进的区块链试点项目,旨在提高供应链数据的准确性,保障食品安全。沃尔玛将区块链技术应用于全球供应链,成本将减少1万亿美元。此举不仅能够帮助中国更好地保障食品安全,更会为沃尔玛本身大幅度降低成本。

3. 案例价值与成效

该试点项目目前处于起步阶段,共安排了三个测试节点,包括IBM、沃尔玛和一家不愿意透露名称的供应商。负责人表示,等到后期测试节点达到10个时,整个行业成本将减少"数十亿美元"。项目开展后,沃尔玛超市的每一件商品,都在区块链系统上完成了认证,都有一份透明且安全的商品记录。在分布式账本中记录的信息也能更好地帮助零售商管理不同店铺商品的上架日期。

(案例来源:中国建设银行,来源于网络)

第4章

CHAPTER 4

数字法治领域典型案例

区块链创新
应用案例

4.1 司法存证

· 国内典型案例

【案例一】 北京互联网法院——天平链

1.案例背景及解决痛点

“天平链”是由北京互联网法院主导，工信部国家信息安全发展研究中心、北京市高院、司法鉴定中心、公证处及大型央企等 20 多家单位共建的司法联盟链，是集数据生成、存证、验证、服务审判为一体的综合体系，旨在通过区块链技术解决电子证据取证难、存证难、示证难的问题；协助法官提高电子证据认证效率，进而提升判案效率；同时提出主动互联治理，通过开发标准和协议，主动链接多行业的互联网主体，实现跨链互信和跨链验证。

2.案例内容介绍

天平链应用架构（见图 4-1）主要分为三部分：

（1）事前评估。事前对接入天平链的组织、机构进行技术规范、接入方资质和管理规范三方面的评估，以确保其安全性和可信性，同时对电子数据进行司法效力评估；

（2）事前上链。接入天平链的相关机构在产生电子数据时，第一时间生成其哈希指纹并上链存证；

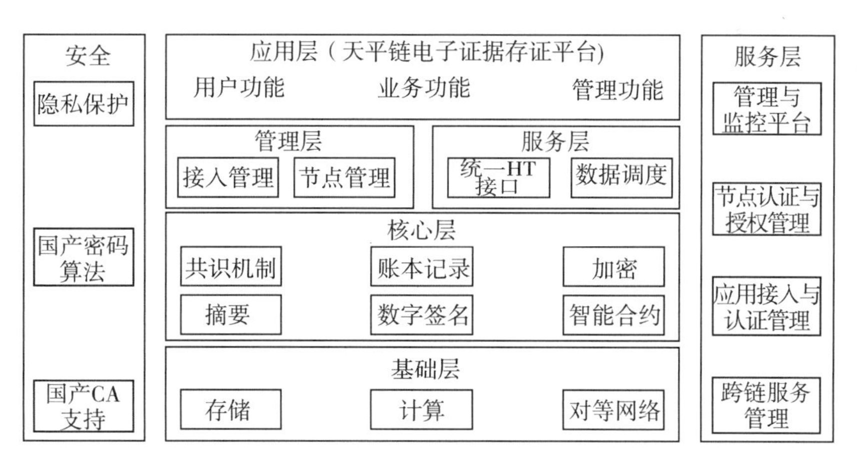

图 4-1 天平链技术框架图

（3）事后勘验

当发生纠纷时，法官依据当事人上传的原始数据和存证编号，利用天平链通过哈希验证技术即可勘验电子数据的真实性。

3.案例价值与成效

2019年,北京互联网法院首个采用“天平链”证据的判决出炉,天平链通过跨链操作成功链接版权链中的电子证据,为北京互联网法院提供可信的电子证据和验证结果,成功帮助蓝牛仔公司维护了自身权益。

天平链的建设及运行,实现了以社会化参与、社会化共治的司法模式,打造了社会影响力高、产业参与度高、安全可信度高的司法联盟区块链。截至2021年6月,天平链已完成版权、著作权、互联网金融等9类25个应用节点的对接,区块高度已超过1744万,在线采集证据已超过7119万条,在线证据验证数已达23550个。

(案例来源:北京互联网法院、北京信任度科技有限公司)

【案例二】 杭州互联网法院——司法区块链

1.案例背景及解决痛点

2018年9月,杭州互联网法院联合公证处、司法鉴定中心等机构共同组建的司法区块链正式上线,成为全国首家应用区块链技术定分止争的法院,通过在每个机构部署节点的方式,完成电子证据的共同背书,保证电子证据的生成、存储、传播和使用全流程可信。

2.案例内容介绍

司法区块链由三层结构组成:

(1)线上程序。通过线上程序可直接将司法操作行为全流程记录在链,实现电子证据的全流程记录,解决电子证据全生命周期的溯源问题;

(2)全链路能力层。该层主要为用户提供实名认证、电子签名、数据存证等服务,从时间、地点、人物、事前、事中、事后六个维度解决电子证据的认证问题,真正实现了电子证据的全链路可信;

(3)司法联盟层。基于互联网法院、公证处等机构建立联盟链体系,实现电子证据的多方节点存证,打通各司法机构之间的数据壁垒,极大地提升了司法服务效率。

3.案例价值与成效

杭州互联网法院(见图4-2)于2019年6月,上线“5G+区块链”的涉网执行模式,开启了系统化运用前沿信息技术、赋能执行的新纪元。自上线以来,杭州互联

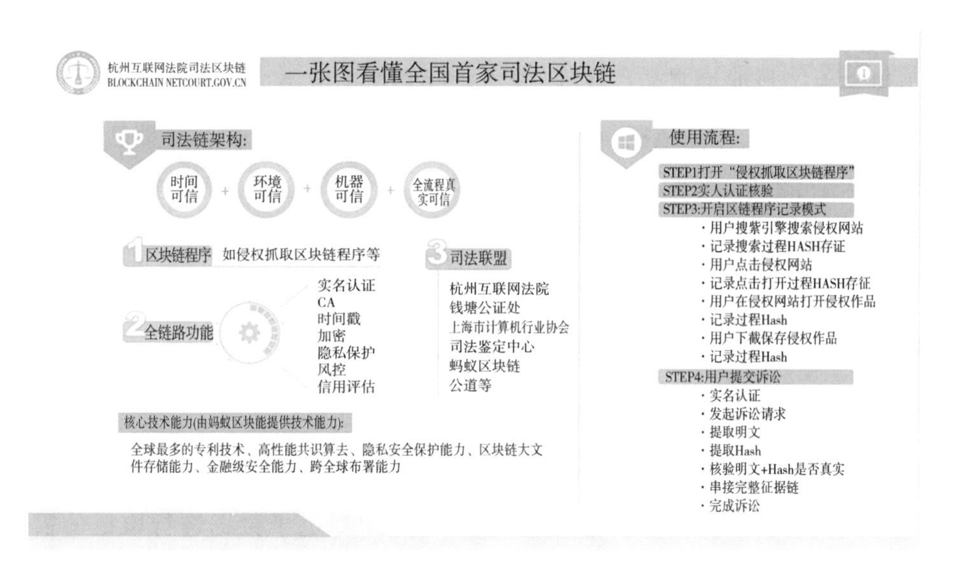

图 4-2　杭州互联网法院司法区块链架构和使用流程图

网法院通过区块链技术，已经审理了多起网络纠纷案件，截至 2020 年 6 月，司法区块链上链数据总量超过 47.3 亿条，通过司法区块链调取电子证据 3800 多条，相关案件调撤率达到 98%以上。

（案例来源：浙江数秦科技有限公司，来源于网络）

【案例三】　广州互联网法院——网通法链

1. 案例背景及解决痛点

2019 年 3 月，由广州互联网法院、检察院等司法机构及相关区块链公司联合打造的“网通法链”智慧信用生态系统正式上线，该系统旨在完成构建开放中立的数据存证基地、高效公证的证据审判规则、共治共享的司法信用生态的目标，解决电子数据取证、存证、溯源验证等问题。

2. 案例内容介绍

智慧信用生态系统主要包括司法区块链、可信电子证据平台、司法信用共治平台三部分。

司法区块链依托智慧司法政务云，联合法院、检察院、仲裁委、公证处等机构及相关企业，为智慧信用生态系统提供区块链技术支持；可信电子证据平台通过事先制定规则的方式，打造电子证据事先存证、及时取证、自动验证的新型司法模式，为当事人提供一键调取电子证据、维权明细等数据的一体化服务；司法信用共治平台通过聚集各机构的司法数据，建立一套完善的智能信用数据评测机制，以推动互联网“诚信坐标”的构建，打造溯源治理的“广州方案”。

3. 案例价值与成效

为提高电子数据来源的广泛性，网通法链与多个电子证据平台进行对接，扩大了电子证据的取证、存证范围，截至 2021 年 6 月，网通法链节点数量已达 9 个，区块高度已达 1522 万，在线存证数据超过 17497 万条，通过网通法链验证的数据已超过 5492 条。

（案例来源：京东，来源于网络）

【案例四】 趣链科技飞洛印

1. 案例背景及解决痛点

在互联网深入生活中每个角落的今天，用户遇到的纠纷问题或是侵权问题中，涉及需要使用电子数据举证的情况越来越多，用户对电子数据进行取证的需求也逐渐变强。然而基于网络环境产生的电子数据具有无形性、多样性等特征，且容易被篡改、破坏或毁灭，收集和固定的难度较高。区块链技术在防止数据篡改、保障数据可追溯方面，有着天然的优势。其链式存储结构、保障数据一致性的共识算法能够确保存于区块链的电子数据可信且不可篡改，保证了区块链存证的技术有效性。最高人民法院于 2018 年 9 月 6 日发布实施《最高人民法院关于互联网法院审理案件若干问题的规定》中第十一条称，当事人提交的电子数据，通过电子签名、可信时间戳、哈希值校验、区块链等证据收集、固定和防篡改的技术手段或者通过电子取证存证平台认证，能够证明其真实性的，互联网法院应当确认，保证了区块链存证的司法有效性。

在实际的电子数据取证、举证的场景中，用户的主要痛点如下：

(1)电子数据取证难。电子数据往往有易灭失且不易采集的特点，传统取证技术难以保证取得的电子证据的完整性、关联性、合法性，公证处、法院等司法机关无法保证当事人采集到的电子证据是否可信。

(2)电子数据存证难。电子数据有易被篡改的特性，存储在公网的电子数据存在被他人篡改的可能性，若被恶意篡改，当事人也难以对其证明。对于当事人提供的电子数据，法院等机构也无法验证电子数据的真实性，证据效力较低。

(3)电子数据出证难。对于受法院需求，需要出具公证书的电子数据，目前传统公证处的出证流程尚未优化成熟，对电子数据的取证往往需要到公证处请公证员进行手动二次取证，整个流程烦琐而复杂。

2. 案例内容介绍

飞洛印基于趣链科技国产自主可控区块链底层技术，为诉讼、取证场景设计的司法服务平台，提供司法取证、版权确权存证、司法服务通道等多维度服务。平台具备版权存证、网页取证、自动取证、过程取证、APP 取证等司法服务功能，满足法律工作者、版权从业者等各种场景下的存取证需求(见图 4-3)。其中，飞洛印提供的技术亮点主要为：

(1)飞洛印存取证服务：采用 GPS 定位技术与可信时间戳技术，记录用户操作的可信地点与时间作为辅助证据，进一步提升存取证可靠性与证据完整性。

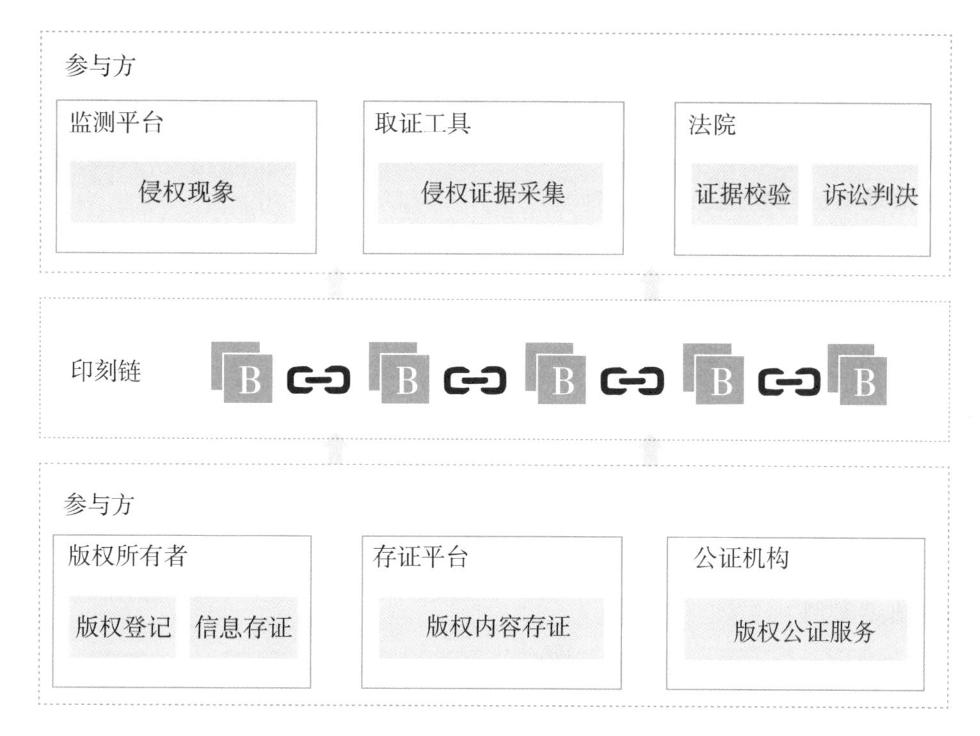

图 4-3　印刻链介绍图

(2)开放存证接入服务模式：存证平台提供开放存证接入 API，企业级用户可通过接入存证 API 进行二次开发，系统提供文本存证、文件存证；电子数据实时上链保管，并出具保管证明确认函(可在区块链验证中心验证或扫描二维码获取证据信息)；除实时上链外，开放存证证据会同步到公证处、法院等司法机构，确保其司法有效性。

(3)司法公证函定制服务：基于飞洛印所建设的司法联盟链印刻链，提供区块链节点核验功能，对数据上链后所汇集到的信息出具由浙江知识产权研究与服务中心开具的区块链存证证书，确保作品登记的权威法律效力。

(4)一站式监测维权服务：通过 7×24 全网实时监测、跟踪知识产权内容的传播记录数据，精准锁定侵权内容，并提供完整监测报告，为维权提供证据支撑。

3. 案例价值与成效

飞洛印所建设的底层联盟链“印刻链”已经接入杭州互联网公证处、上海市新虹桥公证处、浙江知识产权研究与服务中心、杭州互联网法院等，链上数据可实时同步至司法机构。当发生司法诉讼时，可通过已接入的司法机构直接调取存储在飞洛印平台上的电子数据，实现区块链事前存证、司法自动验证，有效提高在线诉讼效率，使电子数据从产生、存证、验证、到最后的使用都有相关的司法机构做同步的监督与公证，让电子数据成为可靠、有效的电子证据。目前，飞洛印电子数据取证能力也获得了大批法律从业者的认可，现已入驻平台的专业律师有 100 余人，日均取证量高达 200 余条，同时采用飞洛印进行证据收集的案件已有数十起，其中已有 1 起落地的法院判例。

此外，趣链科技为成都 iSlide、北京海马轻帆等数字文创企业提供区块链版权保护服务，实现原创内容秒级确权，侵权数据一键取证，司法公证服务全量支持，为原创提供强力的知识产权保护支持。

（案例来源：杭州趣链科技有限公司）

4.2 法院工作

· 国内典型案例

【案例五】 山东省高级人民法院司法链

1. 案例内容介绍及价值与成效

2020 年山东省高级人民法院司法链试点情况介绍，山东省高级人民法院共申请庭审文件存证验证、电子票据存证验证、文书签收可信操作、诉讼费变更可信操作、网上阅卷可信操作 5 类试点场景。

(1)山东省高级人民法院庭审文件存证验证试点场景，传统的庭审文件存证验证需要当事人或代理律师在系统中提起诉讼，在庭审材料流转过程中，由于人为或系统原因，庭审材料进入承办法官系统时，可能会存在材料遗漏、缺失或被篡改等问题，损害了当事人的合法权益，严重影响了司法公正和公信力。需在提交材料的同时，对庭审材料进行存证，承办法官在审阅材料前对材料进行核验，保证材料的全面性和准确性。

利用区块链技术，当事人或代理律师在电子诉讼服务平台中提起诉讼，在互联网端将庭审材料上司法链存证，防止被篡改，通过跨链协议打通数据共享，互联网端联盟链存证的庭审材料可在联盟链完成核验，亦可在司法链完成核验，实现承办法官在办案过程中对庭审材料核验。

截至目前，已上链存证了1.3万个电子材料。

(2)山东省高级人民法院电子票据存证、验证试点场景

山东法院90%以上的案件是通过互联网端提交立案，并且今年有将近30亿的诉讼费通过互联网方式缴纳，传统的电子票据存证验证中电子票据材料从法院发送给当事人时，当事人无法及时、准确辨别电子票据的真实性，当事人的利益无法得到保障，需对电子票据进行存证验证，保证材料的全面性和准确性。

诉讼当事人缴费成功后，财政部门将电子票据信息发送给法院，在法院专网端生成诉讼费、预收、结算、退费、减免缓等原始缴费信息，将电子票据材料和操作行为数据上链存证，防止被篡改，通过跨链协议打通数据共享，法院专网端存证的电子票据可在法院专网区块链平台完成核验，亦可以在互联网区块链平台完成核验，实现诉讼当事人对电子票据的核验。

截至目前，网上缴费操作行为数据上链12.2万次和电子票据共上链11万次。

(3)山东省高级人民法院诉讼费变更可信操作试点场景

传统案件诉讼费变更需要法官确定案件诉讼费以后，在随后的案件办理过程中，无法全程、实时记录诉讼费的变动情况，从信息化技术角度无法防范违规操作行为。

法官根据当事人情况及案情，确定案件诉讼费以后，在法院专网端对诉讼费信息及法官行为信息上链存证，在案件办理过程中，区块链平台实时记录并对法官的操作行为进行存证，所有操作全流程记录，防范操作风险。

截至目前，上链存证了4513条用户行为数据。

(4)山东省高级人民法院文书签收可信操作试点场景。传统的文书签收过程中，法院判决后，相关的法律文书通过互联网电子平台发送给诉讼当事人，针对当事人从网上查看法律文书，为逃避责任不承认已收到法律文书的问题，需要通过信息化手段对当事人的签收行为进行实时固化。

法院判决后，通过电子诉讼服务平台将相关的法律文书发送给诉讼当事人，诉讼当事人登录电子诉讼服务平台签收查看文书，互联网端区块链平台将当事人的操作行为进行实时存证，作为文件签收证据全链同步，防止当事人抵赖。

截至目前，网上文书签收可信操作上链2105次。

(5)山东省高级人民法院网上阅卷可信操作试点场景。传统的网上卷宗调阅功能无法在网上阅卷过程中，对系统用户违规调阅电子卷宗行为，无法实时进行监

管和记录。

在网上阅卷过程中，对于用户调阅电子卷宗行为，系统将对这些行为日志进行存证固化，存证信息实现全链信息同步，每一个区块链节点都存有相同的行为日志存证信息。通过区块链对调阅卷宗信息行为进行上链存证，实现对违规查阅等行为进行监管。

目前，已完成在测试环境下上链数据确认、涉及业务系统改造、接口对接联调等工作事项，预计 2021 年 1 月 28 日前完成。

（案例来源：中国人民公安大学，来源于网络）

【案例六】 保定市中级人民法院终本案件智能核查系统

1.案例背景及解决痛点

终本案件，是指法院执行过程中的终结本次执行程序，主要是针对在法定的执行期限内穷尽各种执行措施，都无法查找到被执行人财产线索，而暂时做的一个结案处理。实践中，“终本是个筐，哪里需要哪里装”，终本案件是司法工作人员违规终结案件的常见做法，其也一直是群众容易产生不理解情绪从而诱发上访案件的多发区。

2.案例内容介绍

为了严格规范终结本次执行程序的适用，保定中院在终本案件智能管理系统中嵌入终本合规校验规则，在原有只校验办案信息的基础上，引入对电子卷宗的校验，对终本案件进行“办案信息＋电子卷宗”双重核查，通过系统合规性核查、办理期限核查、电子卷宗核查，自动生成终本智能核查表，从而确保每项终本条件的达成都有卷宗证明，每个案件卷宗没有明显瑕疵。

同时，终本案件智能管理系统利用区块链技术，提高终本案件可信度。实现终本案件的办理全过程，包括电子卷宗、案件办理节点、外勤采集信息等自动上链，实现固化防篡改。

3.案例价值与成效

利用区块链技术可以确保终本办案过程可信赖，可证明，从而更加容易取得当事人的理解和信任，有利于化解因不信任造成的执行信访案件。目前，保定两级法院终本案件的合规核查率已经达到 85％。

（案例来源：中国人民公安大学，来源于网络）

· 国外典型案例

【案例七】 JUR 项目

1.案例背景及解决痛点

合同是维持商业关系的重要组成部分。在现有法律体系下,政府为解决合同争议提供了诉讼途径。然而,通过诉讼途径解决争议往往需要消耗大量的金钱和时间。尽管商业仲裁在近几十年取得了显著的成果,并且能够快速高效地解决争议,但事实证明商业仲裁途径往往会比诉讼途径消耗更多的资金。因此,商业仲裁仅适用于涉及资金量较大的争议。

面对日益复杂化的法律体系和繁重的资金成本,虽然一些大型跨国企业可以轻松应对,但中小型企业却举步维艰;随着时间的推移,最终会造成整个法律体系被巨头所操作。JUR 认为区块链技术和智能合约可以带领行业走出目前的困境。

注册于瑞士的 Jur AG 公司研发和运营的 JUR 项目是一个基于区块链技术、提供法律合同编制和交易以及链上争议解决等去中心化服务的法律生态系统。

2.案例内容介绍

JUR 是基于以太坊平台,致力于一站式解决合同拟定、签署、争议解决的执行的去中心化生态系统。JUR 生态系统包括三个组成部分:JUR 编辑器、JUR 商城、分层争议解决机制。

JUR 按照争议涉及金额的大小提供了三种解决机制,包括:①适用于传统合同以及智能合同中标的金额较大的争议的法庭层,其裁决结果可依纽约公约获得承认和执行;②适用小型争议,通过投票机制,将裁判权交给链上的参与用户的开放层,虽无法律效力,但能快速简洁地为双方解决争议提供了一种参考思路;③适用于中型争议,争议将被提交给争议双方共同选择的社区中的专家成员进行裁决的社区层。JUR 三层争议解决机制比较见表 4-1。

表 4-1 JUR 三层争议解决机制比较

机制	适用金额	投票权	反腐败机制
开放层	小于$500	所有人	博弈论原理
社区层	$500-$5000	社区成员	博弈论原理和社区声誉
法庭层	大于$500	仲裁官	基于区块链技术的仲裁官随机指派

来源:Jurlo3 TokenInsight

JUR 的法庭层机制结合了去中心化概念、数字化技术和区块链机制。法庭层利用标准化仲裁程序来降低费用；利用数字化技术提升效率；以区块链机制在线处理。

3. 案例价值与成效

JUR 项目通过三层争议解决机制不仅能帮助中小型企业应对解决争议所可能产生的繁重的资金成本的问题，还能够避免争议解决耗时过长，可以低成本、高效率并相对公平地解决争议。

（案例来源：中国人民公安大学，来源于网络）

4.3 司法服务

· 国内典型案例

【案例八】 信证链

1. 案例背景及解决痛点

随着区块链、大数据等新一代互联网技术的迅速发展以及我国各地互联网法院的相继建立，互联网司法判案已成为司法活动中重要的判案方式。电子证据作为互联网司法判案的重要依据，其作用不断攀升，使用需求日益增多，应用范围逐步扩宽，在证券财产、民事纠纷、互联网金融、公证存证等超过 43 种领域均有应用。但电子证据相较于传统证据具有形式多样的特性，且可复制性强、复制成本低、无时间痕迹、容易被篡改，在互联网司法活动中逐渐暴露出取证难、存证难、示证难的问题。区块链因其不可篡改、共同维护、溯源可查及分布式存储等技术特性，在解决电子证据司法存证的难点时具有天然技术优势，利用区块链的相关技术，能够准确保证电子证据的真实性、时效性、关联性。

2. 案例内容介绍

信证链基于区块链的可信存证与数据协同技术优势而研发，是首个实现链上链下及异地数据可信协同的全国性公信联盟区块链平台，致力于构建价值互联网信任基础设施，实现“一地发起，全国协同，数据可信，服务创新”的目标。信证链基于浙江大学区块链团队产学研合作成果，由宁波标准区块链产业发展研究院作为组织节点发起，杭州链城数字科技有限公司提供技术支持。

信证链提供异地协同、远程公证、即时取证、在线赋强等功能，为电子证据建立起“取、存、管、用”的全生命周期管理机制，已经围绕知识产权保护、市场监督管理、公证业务创新、建筑安全监测等领域构建起可信数据创新应用场景，做到"电子数据证据化、取证方式多样化、证据使用便利化"（见图 4-4）。

（1）异地协同：提供异地合作数据协查服务，通过公信联盟链原生数据协同平台，在链上实现数据在异地之间的安全传输和可信协同。

（2）远程公证：提供从身份验证、文件上传、时间预约、业务发布、远程视频到在线签署的全流程链上服务。杜绝传统视频公证中常见的线下签署、线下寄送等"脱机"环节，确保了远程视频业务的完整性与公正性，积极探索"公证办理不必到场"这一创新业务形态。

（3）即时取证：具有录音取证、录像取证、拍照取证、网页取证、录屏取证等多种取证方式，将电子证据获取全过程上链存证，可通过证据包哈希进行溯源查询，利用区块链保障电子数据完整、可信、安全、防篡改，提供信证联盟背书的"信证链"平台保全证书。

图 4-4 信证链

（4）在线赋强：公证员参与的多人在线视频签署，实现签约即公证，提高赋强公证效率，降低赋强公证业务相关方的人力、时间、金钱成本。

3. 案例价值与效果

信证链的构建，实现了区块链技术与公信力机构的双向赋能，一方面，区块链使公信力机构链上链下数据的可信协同和异地数据的可信协同成为可能，另一方面，公信力机构加持弥补了区块链技术在上链前数据真实性审核上的缺失。

在区块链“信任的机器”与证据公信力的双重加持下，信证链构建起了真实世界与数字世界的无缝衔接和映射，将真正成为可信、安全、高效的价值互联网信任基础设施，服务于更高层次的民生与经济需求。

目前，信证链已经在全国范围内构建起由各省市公证处、司法鉴定中心、知识产权保护中心等公信力机构共同组成的“中国信证联盟”，截至2021年12月，已覆盖全国绝大多数省份公证处。未来信证链将构建起“需求、供给、裁判”三位一体的产业生态，为社会经济活动提供更多新型信证服务。

（案例来源：浙江大学、宁波标准区块链产业发展研究院）

【案例九】 国网区块链司法鉴定中心

1.案例背景及解决痛点

传统的电子数据司法鉴定存证数据来源多样，不同检材间数据关联度弱，鉴定数据较为离散，其鉴定过程环节繁杂、流程较长。随着信息技术的快速更新迭代，电子数据司法鉴定工作中所面临的电子数据种类繁多、体量庞大的问题日益明显，而在实务工作中，电子证据的重要性在逐年攀升。故在有效保障电子证据的合法性、真实性、关联性的前提下，充分发挥电子证据的证据效力将是值得重点关注的问题之一。

2.案例内容介绍

针对以上痛点，国网区块链司法鉴定中心基于区块链电子证据保全、日志溯源分析、现场重建等关键技术建立覆盖电子数据事前系统评估、事中上链存证、事后司法鉴定的全生命周期电子证据运营服务，实现业务数据存证于区块链平台，为鉴定业务主体、鉴定数据、司法鉴定中心的强连接提供了路径。

电子数据司法鉴定区块链的基本业务流程如下：

(1)组织上链注册与认证。在各机构接入电子数据司法鉴定区块链之前，首先需要实名认证，考虑到身份的不同，在链上的权限也不同，故而采集、验证的信息也有所不同。

(2)鉴定委托与受理。在电子数据司法鉴定区块链中，在鉴定机构审核委托人适格性及委托内容合法性时，对于已合法上链的委托人，可直接审查其电子数据司法鉴定区块链应用前端设置报表中填写的委托内容；对于未上链的委托人，则在报表中填写资质证明及委托内容。在审查前端报表提交的委托内容时，先在预先部署的Docker容器中由相关法律规范转化的用户链码审查委托内容的常规信息，通过后再由鉴定人对委托内容进一步审查，判断是否符合受理委托的条件。而当电子数据司法鉴定机构决定接收委托人的鉴定委托后,即可将鉴定数据及鉴定过程中的关键阶段数据上链。

(3)检材的移交。对于委托人直接提供给鉴定机构的检材,由鉴定机构遵照流程规范对其固定、提取哈希值后上链;而对于委托人已经上传至第三方存证平台数据库中的原始数据,在经委托人授权后,由鉴定机构远程访问、固定,再行提取哈希值上链。值得注意的是,电子数据司法鉴定区块链的目标是协助更好地管理鉴定工作,故不将数据整体上链,而是将所固定的数据信息以报表的形式上链,便于后期检索与查验。

(4)鉴定实施。在电子数据司法鉴定机构正式开展鉴定工作后,由鉴定人根据实际情况及案情需求,依照工作经验判断将哪些步骤作为关键记录点,整理该时间点的鉴定数据信息上链。

由于电子数据司法鉴定区块链的目标是从旁保障电子数据司法鉴定的证明力,即以技术手段辅助电子数据司法鉴定的管理,而非为了电子数据保全,所以可将原始数据、实验数据及鉴定意见书打包加密后存入可靠存储器或服务器内,同时将从存储器或服务器内下载的数据的哈希值(首次上传的数据为原始数据哈希值)、关键操作步骤的内容简要、操作完成后数据的哈希值、鉴定意见书哈希值(出具鉴定意见书时在报表中加入)以及其他区块链交易的常规信息(包括记录申请账户信息、时间戳、数字签名等)拟合为报表,再将该报表上传至区块链上,能够有效降低链上结点的软硬件负担,提高工作效率。照此模式,鉴定机构可在合理鉴定期间内针对待检数据作充分的分析和鉴定,也能以技术手段保证关键操作步骤可查证。

当鉴定案件有新数据上传需求时,鉴定人员根据本地记录的(CaseID,EID)调取上一次的报表记录,对比此次数据调取后获取的哈希值与链上报表中记录的最后一次操作后的数据哈希值 NewHash 是否一致,校验成功后即可将新拟合的报表上传,并开展后续的鉴定工作(见图 4-5)。

(5)电子数据司法鉴定人出庭质证。在出庭质证环节,面对质疑鉴定人和鉴定机构的资质等问题时,可直接由法官或鉴定人调取链上的实名认证记录。而对于鉴定过程是否参照流程规范和技术标准的相关问题,则可以由鉴定人根据质证需求选择性地调取关键步骤的操作记录,并由鉴定人简要说明该操作所依据的技术规范即可,可以有效降低鉴定人出庭质证的负担。

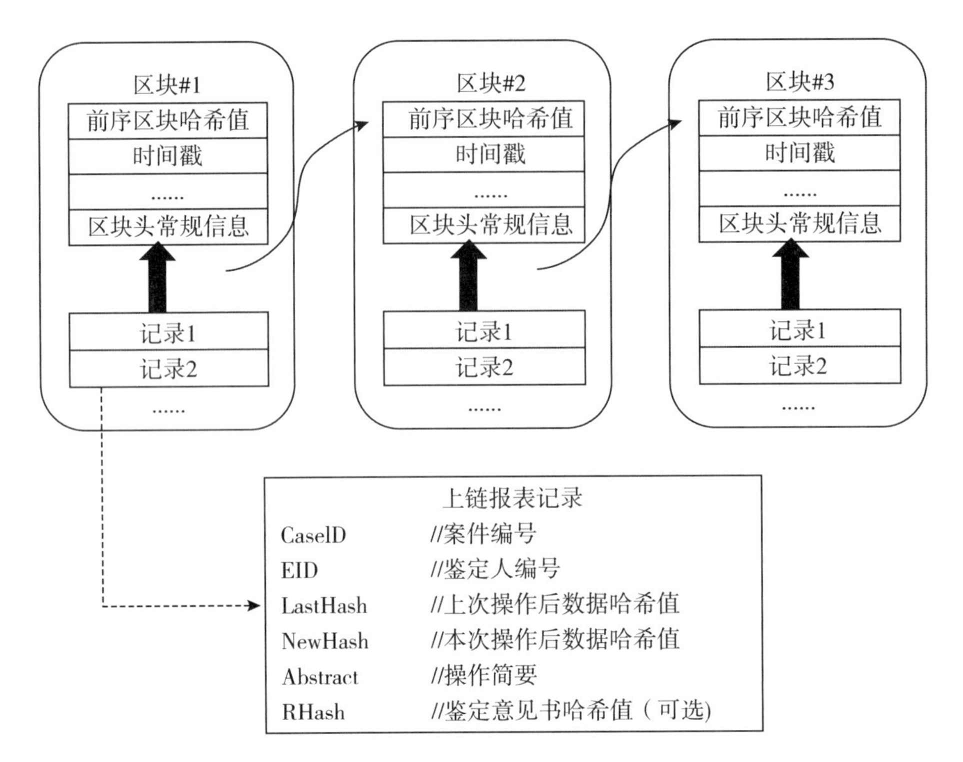

图 4-5 电子数据司法鉴定区块链链上数据结构

3.案例价值与成效

(1)提高工作效率,强化鉴定公正性。"区块链+司法鉴定"从技术层面解决了传统鉴定业务的离散状态,鉴定业务的平台化运营很大程度上简化了鉴定流程、节省了人力时间成本,有力提升了司法鉴定业务效率。同时区块链技术手段可实现司法鉴定人员的中立性,能够确保不同鉴定人员对链上数据鉴定的一致性,从而进一步强化区块链司法鉴定的公平公正性。

(2)实现"同步存证易",提高电子数据可信度和真实性。区块链拥有去中心化、防篡改、可追溯的技术特点,核心是通过多种技术创新融合,实现多方信息共享化、透明化连接,形成一个去中心化的新信任机制,能够克服电子数据"取证难、易丢失、易伪造"的天然缺陷,为电子数据提供更安全、更透明、更合规的全生命周期管理,实现"事后取证难"向"同步存证易"的重大转变,提高电子数据的可信度和真实性。

(案例来源:国家电网)

【案例十】 禅城区“区块链+社区矫正”互联共享平台

1. 案例背景及解决痛点

社区矫正工作涉及多个部门，社区矫正对象需要公安机关、检察院、法院、司法局和监狱共同管理，但目前仍没有一个统一的平台，能将公、检、法、司和监狱等各部门联动起来，也没有专人对接日常矫正衔接工作。且长期以来，部门间信息沟通渠道不畅，社区矫正鉴定材料等文书，仍然采取邮寄的方式。这导致文书可能无法及时送达，从而造成缓刑犯的漏管。

在对社区矫正人员的管理上，传统的方式主要是通过定期汇报、实地调查、电子监控等手段和方式进行，社区矫正工作人员工作量大、效率不高。

且检察机关以往主要是通过听汇报、查纸质档案材料的形式履行对社区矫正工作的监督职能，缺乏监督的针对性和时效性。

2. 案例内容介绍

禅城“社矫链”平台以禅城区 IMI 身份认证平台为支撑，横向打通与社区矫正相关的公、检、法、司等部门的信息壁垒，实时共享、掌握社区服刑人员的信息动态，实现业务数据的线上传输，让数据多“跑路”。纵向对接禅城区“一门式”自然人数据库、社会综合治理云平台，建立纵横联动共享工作机制，监管部门可对流管办、社保部门共享的信息进行直接查询，免除社区服刑人员自己跑部门取证明，并通过流管信息比对确认社矫对象的“居住地”，让社区服刑人员接收报到环节无缝衔接。

“社矫链”上线后，工作人员只需打开平台档案菜单，便能获取社区服刑人员的个人信息，了解到社区服刑人员的在矫状态等。同时，各项平台监控措施也同步针对人员开启，电子化的信息推送即时、准确、透明，有效解决了入矫遗漏问题。

禅城区建立了专门的社区矫正网格员队伍，实现了网格员队伍乡镇、村(社区)的全覆盖。网格员登录手机工作平台，可实时与需要工作衔接的横向、纵向网格员进行交流沟通，在进行入户调查时会按照工作要求留下工作记录并录入系统。“社矫链”不是孤立的系统，而是与社会综合治理云平台、自然人数据库等系统相互融合，形成了一个全方位、多维度的监管矫正综合性信息化系统。禅城区构建起自然人和法人两个数据库，融合云平台形成了社会管理多领域的“一张图”。

“区块链+社区矫正一张图”(见图 4-6)，利用网络智能化、可视化手段，结合城市管理网格化，为社矫工作提供了更高效的管理工具，以“一张图”管好社矫人员。

打开“区块链+社区矫正一张图”，可看到社矫人员分门别类“上图”，包括重点管理人员、被警告社区服刑人员、被治安处罚社区服刑人员、全部社区服刑人员。

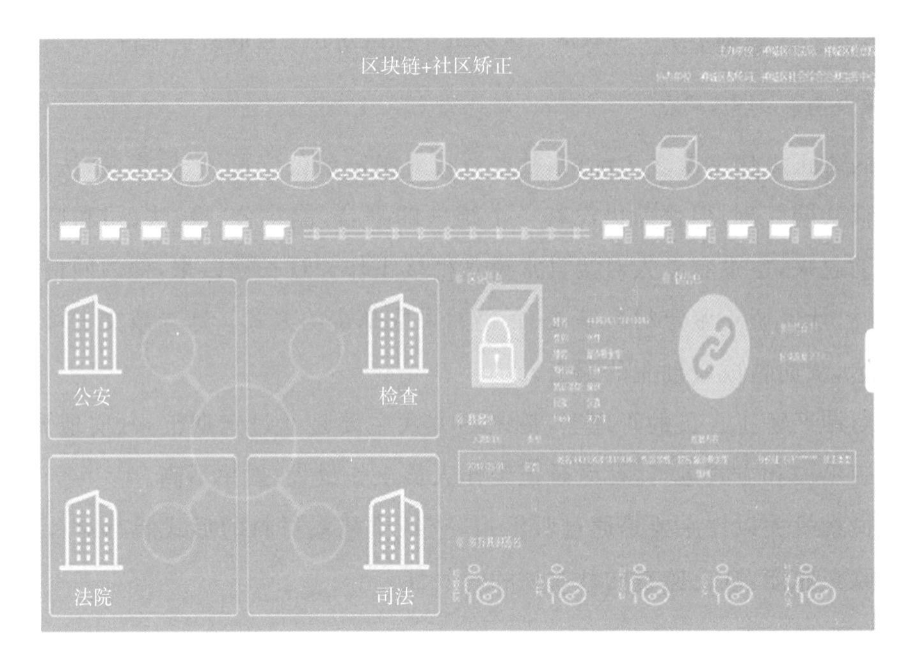

图 4-6 “区块链＋社区矫正”一张图信息展示系统

在禅城的区域版图上以不同颜色的标识，清晰地标出其所处位置。与此同时，点击社区服刑人员的图标，就能即时了解该社区服刑人员的所有信息，实现实时管理。在“一张图”上，每位公职人员操作、矫正业务全流程操作记录，也变成了实时滚动的表格。数据是实时的，而且在系统中一旦上链就无法篡改。

平台管理人员可通过查询功能，获取管理对象信息，通过“区块链＋社区矫正一张图”了解社区服刑人员的日常行为轨迹。同时，系统也会对管理对象和管理人员实时上链的数据进行数据监控，有任何数据异常都会触发告警功能，通过系统向相关的管理人员进行实时告警。与此同时，该平台建立的信用评价模型对接禅城IMI信用评价平台，把服刑人员的社矫记录“写”进个人信用评价系统，无论是闯红灯还是做好人好事，都将被监管部门实时掌握，影响个人信用评分。平台上的银行、保险、电信、公铁系统及用人单位等，也可授权通过信用评价系统，获取社区服刑人员不同维度的信用评价分数，以社会各方监管和协作的模式，规范和约束服刑人员的日常行为。

3. 案例价值与成效

(1)打破社矫信息壁垒，有效避免脱管、漏管问题。平台运用区块链技术，集数据中心、数据安全、数据分析、业务管理、辅助决策、应急处理等功能于一体，打通了与社区矫正相关的公、检、法、司等部门信息壁垒，覆盖社区矫正监督管理、教育矫正、社会适应帮扶三大任务，实现对社矫人员全方位、全天候、立体化的监管矫治，有效避免脱管、漏管问题。

(2)以信用模型推动矫正对象社会化。“社矫链”为社区服刑人员提供了更简单更权威的“自证清白”的平台。社矫人员在日常中的各类行为都会生成记录，“写”进个人信用评价系统。用人单位可以授权获取社区矫正人员的信用报告，帮助社区矫正人员获得社会认可。得到信用加分的社矫人员，还可在工作就业、贷款、商业操作时，提供良好的信用记录，起到“信心证书”作用。助推社矫人员重拾人生希望，回归正常生活，最终实现社矫人员的灵魂再造，实现真、善、美的价值回归。

(案例来源：中国人民公安大学，来源于网络)

【案例十一】 广州“仲裁链”

1.案例背景及解决痛点

我国自 1959 年实施《仲裁法》以来，在司法制度中已经跨出了一大步，但由于新中国成立初期时法律意识不足，以及对仲裁本质属性的认识缺陷，仲裁事业仍不尽完善，且随着我国的发展，其弊端更是日益显著。单就仲裁的灵活性这一点而论，仲裁的存在本身就是希望能用一种更加灵活有效的方式，为当事人提供除了传统的、程序复杂烦琐的诉讼程序以外的选择，同时保证了裁决结果的公正性，使纠纷的解决更为顺畅。然而实践中的仲裁会因为程序过于死板，或排除了非契约性纠纷，或纠结于完美的仲裁协议，也可能因为在证据出示时间和质证上规定单一等种种情况，使仲裁未能如当事人所愿去展开和进行。且近年来，互联网金融纠纷案件数量激增，不仅给金融机构增加了高额成本，也对法院的立案、审判和执行形成了巨大压力。

区块链技术不易篡改、可溯源、安全可信、加密性等特点为证据保存和固定、文件传递和溯源提供了新的思路。利用区块链技术生成、储存和传输的电子数据，如果可以被认定为有效的证据，将降低当事人举证的经济成本，也降低了仲裁庭审查证据的时间成本。而仲裁裁决等仲裁文书，如可以在区块链链上生成和传输，则在当事人向法院申请承认和执行仲裁裁决时，无需等待法院对于仲裁裁决作真实性审查的冗长时间。

2.案例内容介绍

2017 年 12 月，亦笔科技与广州仲裁委、微众银行共同推出的首个区块链司法应用——仲裁链(见图 4-7)发布。借助区块链技术，仲裁链将实时保全的数据通过智能合约形成证据链，满足了证据的三性要求。一旦发生客户逾期还款，微众银行即可通过该系统将案件批量提交给广州仲裁委，广州仲裁委审核存证证据后，进行后续的仲裁流程，大大提升了案件的处理效率。

图 4-7 广州"仲裁链"

2018 年初，广州仲裁委推出了全国首个"仲裁链"裁决书，该裁决书基于区块链技术的"区块链＋存款"，通过区块链技术参与在线交易，一旦发生争议即可进行网上仲裁。它标志着基于区块链的互联网仲裁措施落地见效，也是推进仲裁"两化"建设的重要一步。仲裁链是基于区块链技术的一种应用，它是通过技术将证据进行标准化，利用区块链分布式数据存储、加密算法等特点对交易数据共识签名后上链。通过区块链去中心化信任机制建立的分布式数据库，具有极强的防篡改机制。实时保全的证据通过智能合约形成证据链，满足证据真实性、合法性、关联性的要求，实现从证据保全、仲裁受理、在线裁决、网络送达的全电子化，大大提升不良资产的处置效率。目前，仲裁链已支持银行、保险、证券、基金、电子商务、互联网金融等业务接入。

当发生不良时，催收人员只需在后台证据保全系统中点击"一键仲裁"，相应的证据传输至仲裁委的互联网仲裁平台上。仲裁委收到数据后与区块链节点存储数据进行校验，确认证据真实、合法有效后，依据网络仲裁规则依法裁决并出具仲裁裁决书。

为了提高仲裁裁决书的执行效果，亦笔科技在区块链电子证据系统上叠加了跨链服务。法律上明确规定，仲裁裁决只能到被执行人所在地或被执行人财产所在地的中级人民法院进行立案执行。因此，在互联网仲裁过程中，被执行人、仲裁委同属一个地区，会有利于案件的执行。金融机构和客户在签订合同前，仲裁协议中通常会约定发生纠纷时争议解决所属的仲裁委，但互联网金融案件具有跨地域性，这样可能就会出现被执行人和约定的仲裁委不在同一地区的情况，这会使得仲裁效率和效果大大降低。通过叠加跨链服务，可以让当事人签订电子合同时就选择其身份证上的地址为约定的仲裁机构，通过区块链技术可以实现不同仲裁委对电子证据的认定，这样就可以把仲裁委连成一条线，随着仲裁委数量的增多，将更加有利于银行的选择。

3. 案例价值与成效

(1)提升工作效率，降低仲裁成本。利用区块链技术搭建“仲裁链”，建立行业内首个“区块链＋仲裁”的纠纷解决模式，实现仲裁机构可参与存证过程，极大地缩减了仲裁流程，有助于仲裁机构快速完成批量案件证据的核实。实现同类案件批量智审，进一步提升效率，降低仲裁成本。引入仲裁链后，从提交仲裁申请到出具裁决书最快只需 7 天，而传统方式最快需要 45 天；对于司法成本费用也仅为传统方式的十分之一。据广州仲裁委员会官网数据显示，2016 年前，广仲平均每年受理案件 5000 多件，自互联网仲裁上线后，仅 2016 年线上受理案例为 11621 件，相比传统仲裁，处理能力提升 2 倍多。在 2020 年 2 月到 3 月抗击新冠疫情期间，广州仲裁委员会通过区块链高效处理了 150 件金融借款案件，平均结案时间不超过 3 个星期。仲裁链的推广将更有效的提升司法机构的案件处理能力。

(2)推动矛盾化解新变革。“仲裁链”充分发挥互联网仲裁的专家断案、一裁终局、程序简便、快捷高效的优势为快速化解银行不良资产、维护当事人合法权益开辟了新的途径，为互联网金融纠纷的非诉讼解决提供了“仲裁路径”，贡献了“仲裁方案”取得了为企业解难、为法官减负、为政府分忧的多重良好效果。

(3)优化仲裁服务新体验。突出区块链技术在仲裁场景中的应用，为互联网金融纠纷双方当事人提供从互联网仲裁、失联修复到代理执行的一站式、全周期的完整服务，在每个环节都践行了“最多跑一次”改革。

(案例来源：中国人民公安大学，来源于网络)

【案例十二】 “汇存”电子数据存储平台

1. 案例背景及解决痛点

传统公证存在手续烦琐、处理低效等痛点。在当前中心化系统框架下的中心数据库承受着日益增长的数据存储和安全维护的双重压力，在公证行业内部、公证行业与其他部门之间的信息沟通、信息共享和信息协作中存在交流不够充分等问题。同时公证行业的业务领域由于面临国家政策调整等原因，导致一部分原有业务下滑和费用调整。

区块链具有信息不可篡改、数据加密保存、所有节点保存完整副本等特点。这些特点具有天然帮助解决传统公证行业的困难和业务新诉求的属性。

2.案例内容介绍

2020年1月17日，上海市徐汇公证处发布“汇存”区块链电子数据存储平台，该平台由上海市徐汇公证处与北京众享比特于2019年12月合作开发完成。平台具有随时随地留存照片、视频等证据的功能，较传统保全方式有极高的便捷性，所存证据的哈希同步保存于区块链的多个节点，保证了所存证据的不可篡改。

“汇存”区块链电子数据存储平台主要由公证员的管理系统和客户端组成，客户端分为PC端和手机端。手机端的功能主要是用来取证，取证的工作主要是拍照和摄像，PC端的功能主要是来做数据统计。存证完成后可以生成存证证明书，显示着存证账号、存证时间、存证地址、文件哈希、交易哈希、经度和纬度以及公证处的公章等信息。

通过区块链存证技术，每一个证据生成之后就会自动保存，及时上链，环环相扣，每一步都有迹可循，不可篡改。当事人在取证的时候，可以调用平台进行拍摄或者摄像，证据会即刻上链，节点共识，互相监督，杜绝了客户修改的可能，保证了证据的真实性。当事人对证据提出异议的时候，可以追溯。

除了依靠区块链技术本身的公信力，徐汇公证处人员也会对存证证据申请人、主体资格、申请人与证据的关联性进行合法性审查，以确保证据的合法性和合规性。比如，“汇存”区块链电子数据存储平台并不是所有人都可以注册，需要通过徐汇公证处邀请，资质审查通过后，才可以注册。

3.案例价值与成效

“汇存”区块链电子数据存证平台是全国首个由公证处联手区块链技术服务公司研发的基于区块链技术的专业存证软件，北京众享比特科技有限公司提供区块链技术服务。

“汇存”区块链电子数据存证平台采用哈希校验、电子签名、时间戳、GPS定位和区块链等技术，在降低取证费用、减少人员投入、缩短取证周期的同时，还对预防知识产权侵权纠纷、降低诉讼成本和提升判决效率等均起到了较好的作用。

截至2020年9月，“汇存”平台注册企业数38家，办理取证、存证案件近3500件，出具存证证明2200件，存证后受理公证230件，并有银行、大型交易平台等多个大型公司在进行区块链的存证对接，目前已经有近13万条哈希值数据。

（案例来源：中国人民公安大学，来源于网络）

4.4 公检法司协同

· 国内典型案例

【案例十三】 山西省公检法司联盟链协作平台

1.案例背景及解决痛点

山西省公检法司联盟链依托政法协作平台，通过区块链＋数据共享构建公检法司联盟链，打破各部门间的信息孤岛，实现案件信息实时可信共享互通。通过政法各部门达成的智能合约，将案件数据全流程记录在共识的分布式账本上，加强公检法司多部门相互监督、相互制约。着眼于破解执法和司法过程中的堵点和难点，尤其是共享难、信任难、协同难问题。

(1)共享难。政法机关各内部平台自成一体，均以中心化、专网方式运行，无法实现跨平台的自动共享，政法干警的机械性、重复性工作量很大。

(2)信任难。各机构对案件信息的管理和保护措施不一、证据标准规范不同，难以形成信任基础。

(3)协同难。纸质文本材料依赖邮寄，无法确保及时性和完整度，由此产生的时间和经济成本居高不下，流转中的工作差错也在所难免。

2.案例内容介绍

项目通过区块链建设，形成覆盖山西省公安厅、山西省人民检察院、山西省高级人民法院、山西省司法厅的省级政法机关单位联盟。基于联盟链，公检法司协作平台在业务功能上主要提供业务协同、业务数据分析、信息追溯等主要功能，覆盖刑事案件流转的19个主要程序节点。整体架构设计及架构部署见图4-8和图4-9。

该系统围绕刑事案件办理，主要包含三部分功能。

第一，业务全流程在线协作。通过公检法司联盟链与政法协作平台，实现了刑事案件19个主要程序节点的案件在线协作，包括案件信息流转、文书卷宗流转、其他重要材料流转等，协作流程均通过区块链进行记录，可以案件等维度展开办案流程追溯、文书卷宗流转追溯等。

第二，在线高效换押。针对换押流程进行优化，转变原有串行的换押流程为并行，以区块链换押证替代纸质换押证，简化换押业务流程，提升换押效率。

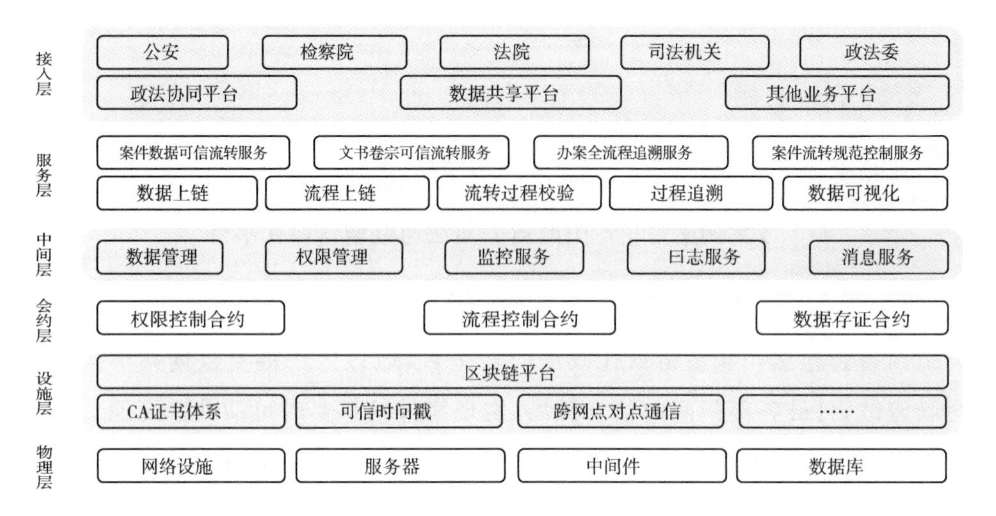

图 4-8 整体架构设计

图 4-9 架构部署

第三，智能合约办案流程规范检查。针对刑事案件的程序节点，根据《刑事诉讼法》等相关法律法规，制定办案程序规范，并转化成链上智能合约，案件发起时，通过智能合约对案件流程规范进行审查。具体包括发起人权限、送达方权限、文书卷宗材料是否齐全、手续是否合规等，确保案件协作流程规范，减少违法违规办案现场。

3. 案例价值与成效

通过区块链技术构建联盟链，实现公检法司各部门节点部署，统一数据各部门数据同步上链至共识节点，实现各部门数据链上互通、可信可查验，形成公检法司多部门共治共享的联动模式，探索出了“区块链＋法律”的崭新落地场景。

第一，有效破解了多部门协同办案的障碍。案件数据上链存证，实时校验，不可篡改，大大降低了跨机构案件数据传输的信任门槛。同时各部门节点数据调用、验证、认定等全过程留痕可追溯，可监管，权责分明。

第二，提升了多部门协同执法效率及执法公信力。实现办案材料、全过程线上流转，各部门节点数据调用、验证、认定，各部门办案情况实时跟进、协同办案，提高办案质效。

第三，极大发挥了数据对智能执法和智能司法的辅助作用。各部门数据互联互通互信，数据资源得到有效整合，为智能预警、辅助办案、全程监督创造了极佳条件。

（案例来源：杭州趣链科技有限公司）

【案例十四】 深圳市基于联盟链的“政法跨部门大数据办案平台”

1. 案例背景及解决痛点

2012 年，深圳市被中央政法委确定为全国第一批“政法跨部门网上协同办案”试点城市，并在南山区试点探索。2018 年 6 月，深圳市委政法委牵头，会同市政法各单位、南山区，应用大数据、人工智能、区块链技术打造全新的政法跨部门大数据办案平台。

该办案平台主要聚焦解决两大痛点：一是办案业务效率低下。在传统的办案模式下，各部门通常是通过手工录入的方式处理案件信息，既烦琐又费时费力，且容易出现各类差错、办案流程线上线下“两张皮”。二是跨部门协同难。以刑事案件为例，与案件有关的“人、财、物”等需要在公检法司等多个部门之间流转，不同部门产生的业务系统、流转机制、工作标准差异产生了配合障碍大、协同效率低等问题。

2. 案例内容介绍

深圳市“政法跨部门大数据办案平台”（见图 4-10）率先采用了“区块链”技术底座，构建了政法系统内的“联盟链”，并深度整合了大数据和人工智能技术。该平台以协同办案和数据共享为建设主线，构建“电子卷宗制作＋业务协同平台＋智能辅助办案"的新模式，贯穿立案侦查、批准逮捕、审查起诉、法庭审判及刑罚执行全流程交互的 20 个主流程 186 个子流程，实现司法办案"一张网"流转，办案数据互联互通、融合共享。

为保障政法跨部门大数据办案平台顺利运行，市委政法委会同市公检法司，联合印发《深圳市政法跨部门大数据办案平台试运行工作实施方案》《网上协同办案工作规定》等"1＋6"配套制度，明确各部门各单位的职责，合理规范各个环节及流程，让办案人员有规可依。

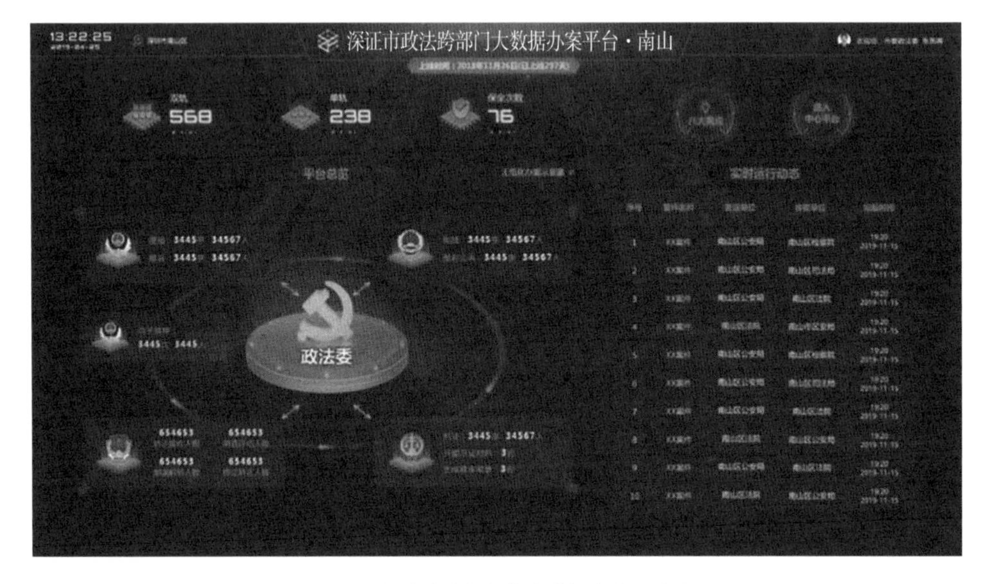

图 4-10　深圳政法跨部门的大数据办案平台页面

3. 案例价值与成效

目前，刑事案件全流程网上协同办案已经成为南山政法办案人员的工作常态，并取得了明显成效。卷宗制作时间从一卷 25 分钟缩短至 8 分钟，案件流转速度从 6 小时/件提升到 1～5 分钟/件，换押效率从换押证人工传送 6 次提升到"秒批"盖章、一步换掉，办案周期平均缩短 2.5 天，整体效能提升 80％。在此基础上，固化形成了可复制、可推广的"南山经验"，为全省乃至全国政法智能化建设贡献"深圳样板"。

第一，该办案平台利用区块链技术对电子卷宗流转过程中节点信息保全，实现多点存储、互为镜像，有效解决了电子卷宗的互信、溯源、存储问题，极大促进了司法办案的公平公正。

第二，该办案平台构建的"联盟链"打破了公检法司各部门之间的"信息孤岛"，将分散、独立的涉案数据有机融合、研判共享、深度应用，实现了各个工作环节的信息公开共享，极大增强了办案协同效率和司法办案透明度。

第三，随着办案平台的平稳运行和数据沉淀，越来越多的案件信息将汇聚成具备高价值的大数据池。利用人工智能、大数据分析及可信计算等技术手段，可实现对数据的有效清洗、分析、预判，从而为加强治安防范、打击刑事犯罪、创新社会治理提供强有力的决策支撑。

（案例来源：中国人民公安大学，来源于网络）

【案例十五】 吉林省执法司法办案业务协同系统

1. 案例背景及解决痛点

为全面落实中央政法委关于智能化建设和吉林省委省政府关于"数字吉林"建设战略部署，深入推进智慧政法建设。2020年2月，吉林省委政法委决定加快执法司法办案业务协同系统建设，并确定长春市作为唯一的试点地区。该项建设和试点工作旨在利用区块链和大数据技术，解决政法机关之间的卷宗、法律文书等办案信息的传递、业务协同问题。

2. 案例内容介绍

2021年3月，执法司法办案业务协同系统在吉林全省上线运行。该系统设置了32个业务协同流程和415个交互节点、建立了涵盖80个罪名的一整套刑事案件证据标准。涉及办案机关之间交互的非涉密办案信息均实现电子化，通过协同系统进行流转并全程留痕。系统在各单位间实现了"逮捕业务""移送审查起诉""一审公诉""变更强制措施""刑事判决执行""重大证据合法性审查""立案监督""提请延长羁押期限""侦查活动监督""介入侦查引导取证"等10个刑事诉讼流程协同业务网上办理、链上记录、线上线下同步。

3. 案例价值与成效

基于区块链技术去中心化信任机制、不可篡改及可溯源的特点，有效实现了全省刑事案件电子卷宗跨系统流转、证据标准规范统一、办案环节全流程追溯。

以长春市的试点数据为例，截至2021年2月19日，执法司法办案业务协同系统试运行以来，长春市累计通过协同系统流转案件862件，其中公安机关流转528件，提请逮捕案件138件，移送审查起诉364件；检察机关流转334件，批准逮捕128件，拟提起公诉104件；审判机关接收16件，审结3件。

长春市的试点工作交出了满意的答卷，为该系统在全省的上线运行打下了坚实的基础，切实以区块链技术推动了政法工作的高质量发展。

（案例来源：中国人民公安大学，来源于网络）

4.5 行政执法

· 国内典型案例

【案例十六】 易联众“区块链案件管理系统”

1.案例背景及解决痛点

近年来,易联众助力厦门市医保局推动基金监管信息化建设,有效打击欺诈骗保行为,织牢扎密基金监管笼子。随着参保用户的增多和定点机构的增加,大量的案件公文、数据、信息和资料在机关内部各科室之间流转,使案件管理任务不断加重,不能满足提高工作效率的需要。案件流程规范的不足,让业务需求的快速增长与案件管理信息化建设相对滞后的矛盾越来越突出。数据共享参与单位的数量增多,使业务协同场景愈加复杂,证据归集部门对证据合法性、有效性、调用过程、数据安全等方面承担最大责任,但缺乏有效可信的手段进行技术保障。

为了打破这一现状,易联众在厦门市医保局的指导下,全面梳理案件办理流程,利用区块链“数据互联互通、不可篡改、全流程追溯、公开透明”等价值,在技术选型上采用了FISCO BCOS底层,针对医保基金稽查业务开发了多项业务中间件,创新医保基金稽查案件管理系统。

2.案例内容介绍

易联众从案件办理流程、行刑衔接、联动稽核、审批流转、资料管理、数据安全、执法考核七个方面构建区块链案件管理系统。

(1)案件办理流程。在案件办理流程设计过程中,易联众技术团队结合国家《医疗保障行政处罚程序暂行规定》《中华人民共和国行政处罚法》等相关法规,打造出一套规范化的稽核管理与行政案件办案流程,实现线索管理、案源登记、人员指派、领导审批、调查报告登记、行政处罚决定书登记、行政处罚决定书公示、行政处罚结案报告等办案流程全程留痕,提高医保基金稽核信息化水平和效率。

通过分布式账本实现证据数据在不同体系机构之间流转的一致性,同时只有获得授权私钥的部门才有权利进行数据增查,保障机构内外部均无法在非授权的情况下入侵替换更改、伪造数据,把握数据上传源头的可信。

(2)行刑衔接。在政府部门、定点医药机构、司法执法部门之间,建立互联互通的数据共享生态,将医保服务过程数据主动地、实时地、可控地、有效地推送给医保链上各参与方,使案件信息在部门上下级之间、不同部门之间交互流转,实现行政执法与刑事司法无缝衔接，打造执法办案流程一体化管理的新模式。

(3)联动稽核。实现案件数据全流程上链存证，行政司法部门开通相应权限后，可在案件办理的不同阶段，调用相关线索进行监管溯源，同时通过密码学算法对所有区块的操作记录进行叠加式 HASH 摘要处理，以此对任何一个线索来源的历史记录进行溯源。

案件线索来源包括群众投诉举报、稽查系统智能分析报警、线上疑点登记、日常巡检登记、双随机抽查登记、专项检查登记、上级交办、其他部门移送等渠道，有效发现、排除和预防参保人和定点医药机构的欺诈骗保行为。

可与“雪亮医保”视频监控系统、药品耗材进销存系统、基金稽查系统联动办案，打造实时动态智能监控、证据保留、智能分析报警、监管溯源的基金监管闭环，在办案过程中可借助医保画像系统获取当事人/机构的画像分析，实现“同当事人案例分析、同源举报对接提醒、线索关联”等功能。

(4)审批流转。提供线上审批方式，在技术上利用智能合约实现业务流程的自动执行，即按照部门职级自动流转到下一节点审批人，减少人为操作可能带来的效率与信任问题，大大提升案件流转效率。

在执法办案过程中，为审批人提供完整的案件信息，并通过消息推送的人性化方式，提醒审批人及时进行流程审批，实现医保稽核管理及行政案件任务全流程跟踪和任务进度实时反馈，有效提升案件审批效率。

(5)资料管理。实现在线立案登记、调查报告、处罚决定、结案归档等环节的信息录入、流程审批；支持政策法规条款的录入和各类文件模板的导出，可在各类办案文书中直接引用，例如：《处罚通知书》《处罚决定书》等。

通过对执法文书、政策库、条款依据进行统一管理，确保执法办案流程的规范化、标准化；确保执法过程有法可依、有法必依，实现医保稽核管理与行政执法办案的精确、敏捷及高效，提高案件处置效率。

(6)数据安全。在办案过程中，对于办案各个环节数据、审批数据、附件资料实时存证至区块链系统，采用国密 SM 算法(SM2/SM3/SM4)，满足加密算法国产化监管要求，每次查询案件数据时均会对案件各项数据与区块链存证结果进行校验比对，并严格限制数据访问权限，切实保障链上存证信息安全、可靠、防篡改，提升稽核安全的内控能力。

(7)执法考核。记录整个案件稽核过程的始末，从办案梳理、办案时长、案件校准率、案件地区分布等多个维度对执法效率进行考核。管理人员可灵活定义执法效率考核方式、设置权重及分数细则，保证科学、客观、完整落实考核制度；可依照考核维度，自动统计考核指标，全面掌握人员和部门的工作状态，建立绩效挂钩的奖惩机制，提升执法人员的规范性和工作积极性。

3. 案例价值与成效

区块链案件管理系统实现了医保基金稽查线索汇聚、案件办理、处罚执行、结案归档一体化管理，解决机关内部稽查案件流转中存在的信息滞后、管理被动、职能交叉等问题，有效提高执法案件的处置效率，促进执法办案规范透明，实现了“办案流程规范化、行刑衔接无缝化、联动稽核强效化、审批流转快捷化、资料管理统一化、数据安全可信化、执法考核科学化”七大成效。

（案例来源：中国人民公安大学，来源于网络）